北方轻型透水性绿色屋顶结构及蓄滞效应研究

周 扬 杨 涛 陈 浩 等 著

科学出版社

北 京

内 容 简 介

目前我国绿色屋顶技术多借鉴国外经验，缺少对绿色屋顶蓄滞效能的实验观测和数值模拟，其结构和效能尚未进行深入研究。本书针对我国绿色屋顶实验研究薄弱、绿色屋顶蓄滞能力定量研究缺乏、绿色屋顶下渗出流数值模拟不足等问题，对绿色屋顶的结构进行了研究和设计，提出了绿色屋顶的新型结构，通过实验手段模拟分析了轻型透水性绿色屋顶蓄滞效应，采用 Hydrus-1D 模型对绿色屋顶的降雨下渗过程和水量平衡进行了模拟分析，为海绵城市建设提供了翔实的数据和方法支撑。

本书可供水文水资源、城市水务、市政工程等学科的科研人员、大学教师、研究生和本科生，以及从事海绵设施研发、海绵城市建设等工作的住建部门、市政设计院等单位的技术人员阅读参考。

图书在版编目（CIP）数据

北方轻型透水性绿色屋顶结构及蓄滞效应研究 / 周扬等著. —北京：科学出版社，2019.4

ISBN 978-7-03-061060-7

Ⅰ．①北⋯　Ⅱ．①周⋯　Ⅲ．①屋顶－绿化－建筑设计－研究
Ⅳ．①TU985.12

中国版本图书馆 CIP 数据核字（2019）第 074042 号

责任编辑：周　丹　曾佳佳 / 责任校对：杨聪敏
责任印制：张　伟 / 封面设计：许　瑞

科 学 出 版 社 出版
北京东黄城根北街 16 号
邮政编码：100717
http://www.sciencep.com

北京中石油彩色印刷有限责任公司印刷
科学出版社发行　各地新华书店经销

*

2019 年 4 月第 一 版　开本：720×1000　1/16
2019 年 4 月第一次印刷　印张：7 3/4
字数：150 000
定价：99.00 元
（如有印装质量问题，我社负责调换）

作者名单

周　扬　杨　涛　陈　浩　杨红卫　徐惠民

目　　录

1

第 1 章 绪 论

1.1 研究背景及意义

我国快速城镇化的同时，也面临着巨大的环境与资源压力，外延增长式的城市发展模式已经难以为继，《国家新型城镇化规划（2014—2020 年）》明确指出，我国的城镇化必须进入以提升质量为主的转型发展新阶段。为此，必须坚持新型城镇化发展道路，协调城镇化与环境资源保护之间的矛盾，才能实现可持续发展。党的十九大报告强调，必须树立和践行绿水青山就是金山银山的理念，坚持节约资源和保护环境的基本国策，像对待生命一样对待生态环境，形成绿色发展方式和生活方式，坚定走生产发展、生活富裕、生态良好的文明发展道路，建设美丽中国。

随着低影响开发（low impact development，LID）理念及其技术的不断发展，加之我国城市发展和基础设施建设过程中面临的城市内涝、径流污染、水资源短缺、用地紧张等突出问题的复杂性，我国提出了建设"海绵城市"的号召。在城市建设规划、设计实施等环节加入海绵城市理念，统筹协调城市规划、排水、园林、建筑、水文等专业，共同落实海绵城市的建设目标。采用源头削减、中途转运、末端调蓄等多种手段，通过渗、滞、蓄、用、净、排等多种技术实现城市良性水文循环，提高对径流雨水的渗透、调蓄、净化、利用和排放能力，维持或恢复城市的"海绵"功能。

海绵城市措施与 LID 措施基本相同，主要包括生物滞留池、植被浅沟、透水性路面、雨水桶、雨水花园、地下蓄水模块以及绿色屋顶等。与最佳管理措施（best management practices，BMPs）不同，海绵城市在源头上对径流从流量和水质方面进行调控，从而恢复天然状态下水文机制。因此，海绵城市建设背景下的各海绵设施建设需要统筹城市开发建设的各个环节。设计阶段应对不同海绵设施（海绵体）及其组合进行科学合理的平面与竖向设计，在建筑与小区、城市道路、绿地与广场、水系等规划建设中，应统筹考虑水体、滨水带等开放空间，建设相应的海绵设施，构建雨水综合蓄存利用系统。海绵城市雨水系统的构建与所在区域的规划目标、水文气象、土地利用条件等关系密切。因此，需要进行技术经济分析比较，优化设计方案。目前，我国在海绵城市规划、设计、管理、监测、评价方面的研究与应用还处于起步阶段。亟须结合室内外实验，开展不同海绵体基本性能及数值模拟的定量研究。

作为海绵城市建设的重要海绵设施，绿色屋顶技术在雨洪的源头控制方面能够发挥重要作用，因此在国内外受到广泛关注。目前，我国的绿色屋顶技术多借鉴国外经验，缺少对绿色屋顶及其蓄滞效能的实验观测和数值模拟研究，其结构和效能尚未进行深入研究。因此，本书通过开展室内外观测实验，并结合数值模拟分析手段，科学深入地分析雨水在绿色屋顶的下渗过程，提出新型绿色屋顶结构，并揭示其蓄滞效应，对于绿色屋顶技术的研发和设计以及海绵城市建设，具有重要的参考价值和支撑作用。

1.2 国内外研究进展综述

1.2.1 常用 LID 技术介绍与比较

1. LID 源头控制技术

1）雨水花园

雨水花园（图 1-1）是采用低于路面的小面积洼地，种植当地原生植物并培以腐土及护根覆盖物等，成为开发区园林景观的一部分，雨天则可成为贮留雨水的浅水洼。一般建设在停车场或居民区附近，通过入水口将不透水面产生的降雨径流引入雨水花园，由土壤、微生物、植物的一系列生物、物理、化学过程实现雨洪滞留和水质处理，视实地情况还可铺设底层导水设施和暗沟等。该系统的每一个部分，例如，入水口的生态草沟预处理过滤带、洼地、植物、土壤、暗渠、溢流出水口等，都可起到去除污染物、减弱雨水径流的作用。总体设计结构依据当地土壤类型、环境状况和土地利用方式而定。

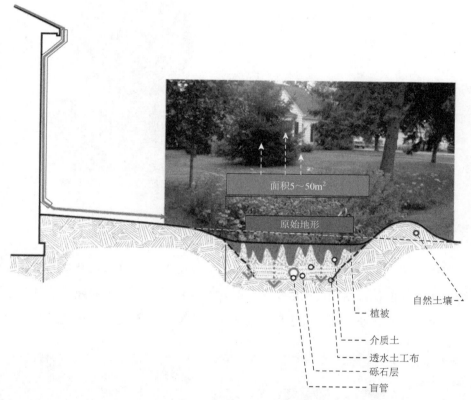

图 1-1　雨水花园典型示意图

2）透水铺装/可渗透铺装

透水铺装/可渗透铺装（图 1-2）可有效降低不透水面积，增加雨水渗透，同时对径流水质具有一定的处理效果。目前有各种产品可替代传统沥青、水泥铺设路面，比如水泥孔砖或网格砖、塑料网格砖、透水沥青、透水水泥等。不同类型的透水砖和不同的铺设方法可产生不同的雨水滞留率和污染物去除率，包括对总石油类等污染物的生物降解。遇到的一些问题主要有路面的堵塞、冬季性能表现、下垫面土壤及地下水的污染等。透水路面最适合在交通流量较低如停车场、便道等区域使用，而海岸带地区由于沙质土壤和平坦的坡度条件可最好地发挥透水路面性能。

图 1-2　透水铺装示意图（透水砖式）

其中道路广场可采用缝隙式结构透水铺装（图 1-3）。缝隙式可渗透铺装可有效降低不透水面积，增加雨水渗透，同时对径流水质具有一定的处理效果。它几乎可以替代所有传统铺面，几乎可以适应所有空间并与不同场地布置结合，而且

图 1-3　透水铺装示意图（缝隙式结构透水）

不易发生堵塞，透水性能强。它与传统铺面相比可以显著减少表面积水情况的发生，维护费用较低。缝隙式可渗透铺装在交通繁忙的地区施工时可能会带来不便，也不适用于污染物载量过大的重工业地区和坡度过大的路段，它需要特殊设备进行维护。沙质土壤和平坦的坡度条件可最好地发挥缝隙式可渗透铺装的性能。

3）生态草沟

生态草沟是一种狭长的生态滞留设施，如图 1-4 所示。与雨水花园类似，但功能不同于雨水花园，主要不是进行雨水储存，而是代替雨水口和雨水管网进行道路雨水的收集和输送，对来自停车场、自行车道、街道以及其他不透水性表面的径流进行过滤和入渗。与传统的明沟的区别是其表面铺设有植被。生态草沟适用于多种地形条件，在设计和铺设上具有很大的灵活性，而且其造价相对较低。

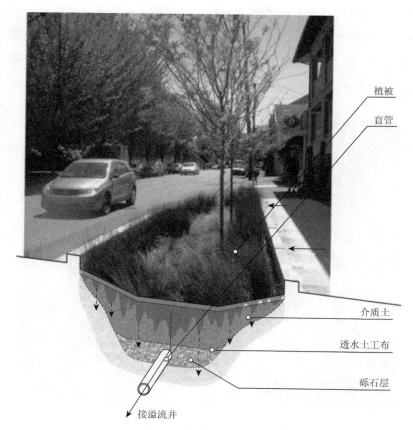

植被
盲管
介质土
透水土工布
砾石层
接溢流井

图 1-4 生态草沟典型示意图

一般的开放草地渠道系统适用于面积较小且坡度较缓的排泄区域、居民区的街道或者高速公路，在作为输送渠道的同时，可以增加对地下水的补给、过滤污染物、减缓水流速度，相对于传统的混凝土渠道而言，减少了不透水面积的比例。

与雨水花园一样，生态草沟也是一种分布式的、在源头对径流进行调控的 LID 措施，由于生态草沟表面铺设有植被，因此，其曼宁系数较大，径流速度得以减缓，可有效增加地下水补给、过滤污染物。因此，生态草沟相比传统管网系统，在设计上更加接近天然状态下的径流输送方式。

2. 末端处理技术

1）区域性多级生物滤池

区域性多级生物滤池是创新的高效雨水处理设施，如图 1-5 所示。该设施首先在美国华盛顿州的塔科马市建成并投入运行。该设施占地小，主要是通过介质的快速过滤而达到去除总固体悬浮物（total suspended solid，TSS）和其他污染物的效果。用于该生物滤除的介质渗透率在 2500mm/h 以上，对 TSS 的去除率

图 1-5 多级生物滤池施工现场

在 80% 左右，总磷（total phosphorus，TP）的去除率在 50% 左右，溶解性重金属去除率为 30%～60%。

2）调蓄池

调蓄池是一种雨水收集设施，占地面积大，一般可建造于城市广场、绿地、停车场等公共区域的下方，主要作用是把雨水径流的高峰流量暂存其内，待最大流量下降后再从调蓄池中将雨水慢慢地排出。既能规避雨水洪峰，实现雨水循环利用，又能避免初期雨水对承受水体的污染，还能对排水区域间的排水调度起到积极作用。图 1-6 为调蓄池施工现场及结构示意图。

图 1-6　调蓄池施工现场及结构示意图

3）生态浮岛

生态浮岛是在漂浮于水面的人工浮体结构上栽植植物，并可在浮体下方悬挂人工填料。生态浮岛是一种净化污染、修复生境、恢复生态、改善景观等多种功能的新型生态环境技术，如图 1-7 所示。生态浮岛是一种生物和微生物生存繁衍的载体。在富营养化水体中浮岛上植物悬浮于水中的根系，除了能够吸收水中的有机质外，还能给水中输送充足的氧气，为各种生物、微生物提供适合栖息、附着、繁衍的空间，在水生植物、动物和微生物的吸收、摄食、吸附、分解等功能的共同作用下，使水体污染得以修复，并形成一个良好的自然生态平衡环境。生态浮岛除具有显著的污水治理效果外，同时具有良好的环境景观功能。随着社会经济的发展和人们生活水平的不断提高，人们对周围生活和工作的环境也提出了更高的要求，城市园林景观建设正朝着高层次、高品位的方向发展。由于水面绿化景观的效果生动、新颖，越来越引起人们的极大兴趣。

图 1-7　生态浮岛效果图

水生植物包括湿生植物、挺水植物、浮叶植物、沉水植物、漂浮植物五种类型。其中湿生植物、挺水植物、浮叶植物及漂浮植物在富营养化条件下其生产力可以超过陆生植物。利用水生植物富集 N、P 是治理、调节和抑制水环境富营养化的有效途径之一。

3. 常用 LID 技术比较

常用 LID 技术参数比较如表 1-1 所示。

表 1-1　常见 LID 设施技术参数

单项设施	功能					控制目标			经济性		污染物去除率（以固体悬浮物计）/%	景观效果
	收集回用雨水	补充地下水	削减峰值流量	净化水质	转输径流	径流污染	径流总量	径流流量	建造费用	维护费用		
透水砖铺装	○	●	◎	◎	○	◎	●	◎	低	低	80～90	—
透水水泥混凝土	○	○	◎	◎	○	◎	◎	◎	高	中	80～90	—
透水沥青混凝土	○	○	◎	◎	○	◎	◎	◎	高	中	80～90	—

续表

单项设施	功能					控制目标			经济性		污染物去除率（以固体悬浮物计）/%	景观效果
	收集回用雨水	补充地下水	削减峰值流量	净化水质	转输径流	径流污染	径流总量	径流流量	建造费用	维护费用		
绿色屋顶	○	○	◎	◎	○	◎	●	◎	高	中	70~80	好
下沉式绿地	○	●	◎	◎	○	◎	●	◎	低	低	—	一般
简易型生物滞留设施	○	●	◎	◎	○	◎	●	◎	低	低	—	好
复杂型生物滞留设施	○	●	◎	●	○	●	●	◎	中	低	70~95	好
渗透塘	○	●	◎	◎	○	◎	●	◎	中	中	70~80	一般
渗井	○	●	◎	◎	○	◎	●	◎	低	低	—	—
湿塘	●	○	●	◎	○	◎	●	●	高	中	50~80	好
雨水湿地	●	○	●	●	○	●	●	●	高	中	50~80	好
蓄水池	●	○	◎	◎	○	◎	●	◎	高	中	80~90	—
雨水罐	●	○	◎	○	○	○	●	◎	低	低	80~90	—
调节塘	○	○	●	◎	○	◎	○	●	高	中	—	一般
调节池	○	○	●	○	○	○	○	●	高	中	—	—
转输型植草沟	◎	○	○	◎	●	◎	◎	○	低	低	35~90	一般
干式植草沟	○	●	○	◎	●	◎	●	○	低	低	35~90	好
湿式植草沟	○	○	○	●	●	●	○	○	中	低	—	好
渗管/渠	○	◎	○	○	●	◎	◎	○	中	中	35~70	—
植被缓冲带	○	○	○	●	—	●	○	○	低	低	50~75	一般
初期雨水弃流	◎	○	○	●	—	●	○	○	低	中	40~60	—
人工土壤渗滤	●	○	○	●	—	◎	○	○	高	中	75~95	好

注：●代表最优；◎代表一般；○代表较差。

1.2.2 常用 LID 模拟方法

LID 模拟包括水文模拟、水力学模拟、面源污染模拟及海绵设施模拟等方面。由于不同区域的气候、地形、水文条件存在差异性，在水文水力学计算方法和模型采用时，尤其采用住建部推荐的通用性模型和软件时，需要根据当地的水文水力学特性，做出合适的选择。

1. 水文计算方法与模型

1）产流模型

产流模型可采用 SCS 模型、Clark Unit Hydrograph、Snyder Unit Hydrograph 等，一般多推荐采用 SCS 径流曲线模型。SCS 径流曲线模型根据一个描述降雨与径流关系的综合参数 CN 进行入渗计算，反映的是流域下垫面单元的产流能力以及前期土壤含水量对产流的影响。SCS 方法和模型由美国土壤保持学会（Soil Conservation Society of America）于 1960 年发布，并且在美国大部分地区得到应用。同时具有参数少、容易计算等特点。

产流初损模型应包含以下内容：

（1）无洼蓄量的不透水地表产流量：无洼蓄量的不透水地表的降雨损失是雨期蒸发。

（2）有洼蓄量的不透水地表产流量：有洼蓄量的不透水地表的降雨损失主要是洼蓄量。

（3）透水地表产流量：透水地表的降雨损失主要包括洼蓄和下渗。下渗是表示降雨入渗到地表不饱和土壤带的过程。

下渗模型一般可选用 Green-Ampt 模型或 Horton 模型。Green-Ampt 模型考虑饱和及未饱和土壤带的界面，假设降雨的入渗是使土壤下垫面由不饱和变为饱和的过程，将下渗过程分为饱和及未饱和两个阶段予以计算。主要参数有初损（initial losses，mm）、不饱和率（moisture deficit）、吸水度（suction，mm）、水力传导度（conductivity，mm/h）和不透水率（impervious，%）。Horton 模型描述的是下渗率随降雨时间的变化关系，不包括饱和及未饱和带土壤的下垫面情况。

2）汇流模型

汇流模型可选取 Modified Puls、Muskingum、Muskingum-Cunge、Kinematic Wave 和非线性水库等。一般推荐采用非线性水库法模拟地表径流。地表径流用非线性水库模型来模拟产生于三种不同的地面类型，如图 1-8 所示。

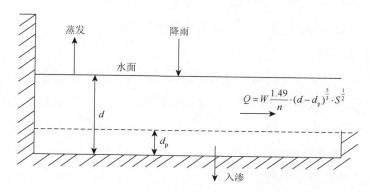

图 1-8　排水子流域的非线性水库模型示意图

其中的连续方程：

$$\frac{\mathrm{d}V}{\mathrm{d}t} = A\frac{\mathrm{d}d}{\mathrm{d}t} = A \times i^* - Q \tag{1-1}$$

用曼宁公式计算出流量：

$$Q = W\frac{1.49}{n} \cdot (d - d_\mathrm{p})^{\frac{5}{3}} \cdot S^{\frac{1}{2}} \tag{1-2}$$

式中，V 为蓄水量，单位为 m^3；t 为时间，单位为 s；A 为过流断面横截面积，单位为 m^2；d 为水深，单位为 m；d_p 为一个计算步长内的水深，用于迭代计算；i^* 为净雨深，单位为 m；Q 为出流量，单位为 m^3/s；n 为糙率；S 为汇水区平均坡度；W 为特征浓度，单位为 m。

通过上述两个公式联立，对其中的未知数 Q、d 采用有限差分法进行求解，平均出流由计算时段始末的水深平均值近似算出。用 Newton-Raphson 迭代法求解时段末的水深，采用曼宁公式计算出时段末瞬时出流量。

2. 水力学模型

水力学计算的方法和模型软件的通用性较高，但对于绝大多数应用地区而言，由于地势坡度比较缓，多以缓流计算为主，有些软件不具备急流计算方法。对于山地，由于坡度大，无论是管网还是明渠流，均会有急流、缓流交替出现，在应用这些模型软件时，要注意选用急流计算方法、边界输入条件、时间步长取值，注意模型的发散与收敛，保证计算结果的合理与准确。

1）排水管网模型

排水管网模型可以完整模拟管道、明渠以及各种排水构筑物的水力学状态。水力计算采用完全求解的圣维南方程模拟管道明渠流，对于明渠超负荷的模拟采用 Preissmann Slot 方法。

2）二维地表淹没模型

二维地表淹没模型应根据地形高程数据建立，建立过程中应考虑以下因素：

（1）道路、建筑物等对水流的引导和阻挡作用；

（2）地面上不同类型地块的糙率对流速的影响，如道路、草地等；

（3）地面的下渗作用；

（4）根据关注程度设定不同精度的网格；

（5）湖泊、河道等的水位边界，模拟出洪水在地面上行进的过程。

3）河道模型

河道模型也叫明渠流水力学模型，根据流域的水量和河流信息推算水面线和洪水淹没范围。水力学模型需要河道、河网、桥梁、断面资料、河床糙率系数等参数。

3. 面源水质模型

径流子系统对水质的模拟包括地表污染物累积模型及冲刷模型，主要是针对固体悬浮物（suspended solid，SS）。目前的模拟方法如下所述。

1）地表污染物累积模型

子流域中的地表累积污染物的存在形式以尘埃、颗粒物的累积为主。通过线性或非线性累积形式来模拟地表污染物增长过程。

累积方程包括以下三种：

（1）指数函数：污染物的累积量和累积时间呈比例关系：

$$B = C_1(1 - e^{-C_2 t}) \tag{1-3}$$

式中，C_1 为最大累积量；C_2 为累积速率常数；B 为污染物累积量，单位为 g/m^2。

（2）幂函数：污染物的累积量和累积时间呈幂函数关系，累积到最大程度就不再累积。

（3）饱和函数：即米氏函数，污染物累积与时间呈饱和函数关系。

在实际操作过程中，可结合当地面源污染负荷研究结果，确定模型采用的累积方程。

2）地表污染物冲刷模型

可用不同的单位计量方式来模拟污染物的冲刷，比如细菌总数、浊度（单位为 NTU）等。包括三种冲刷模拟的方法：

（1）流量特性冲刷曲线。此曲线假设认为污染物的冲刷模型与其地表累积总量之间相互独立，冲刷量和径流率之间只存在简单的函数关系。

（2）场次降雨平均浓度。它是流量特性冲刷曲线的一种特殊情况，即用降雨过程中污染物平均浓度作为冲刷模型中污染物浓度。

（3）指数方程。污染物的冲刷量和地表的残留量成正比，和径流量呈指数函数关系：

$$P_{off} = \frac{-dP_p}{dt} = R_C \cdot r^n \cdot P_p \tag{1-4}$$

式中，P_p 为 t 时刻剩余地表污染因子的量，单位为 kg/hm^2；r 为 t 时刻子流域单位面积的径流率，单位为 mm/h；n 为径流率指数；R_C 为冲刷系数；P_{off} 是 t 时刻污染物的冲刷量，单位为 kg/s。

R_C 和 n 的取值与污染物种类有关。当地表污染物的剩余量是 0 时，表示冲刷终止。

3）街道清扫模拟

街道清扫会受到地表类型的限制，而且是阶段性减少地表污染物累积量。可根据经验进行计算，或者试算。

4. 海绵设施模型

1）LID 低影响开发的模拟

一般在模型中设置低影响开发模块，模拟常见的生物滞留、渗透铺装、渗透沟渠、雨水储蓄池、植被浅沟五种分散的雨水处置技术，通过对调蓄、渗透及蒸发等水文过程的模拟，结合模型的水力模块和水质模块，实现 LID 技术措施对场地径流量、峰值流量及径流污染控制效果的模拟。其他 LID 措施如过滤带、下凹式绿地、绿色屋顶等技术都可以经参数变换等相应处理后进行模拟。以 SWMM5.1 模型软件为例，各模块如图 1-9～图 1-12 所示。

（1）生物滞留设施模拟。

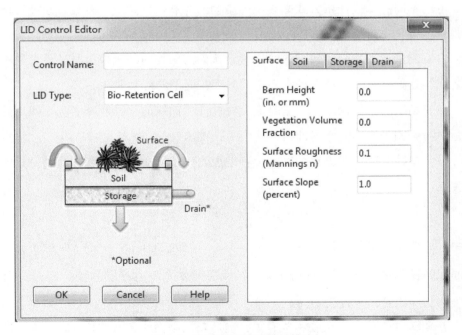

图 1-9　生物滞留设施模拟模块

（2）绿色屋顶模拟。

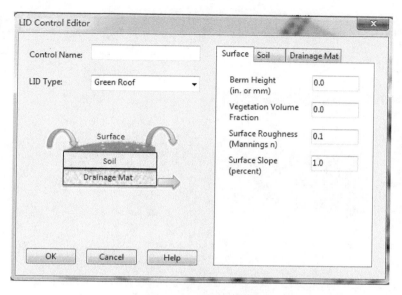

图 1-10 绿色屋顶模拟模块

（3）透水铺装模拟。

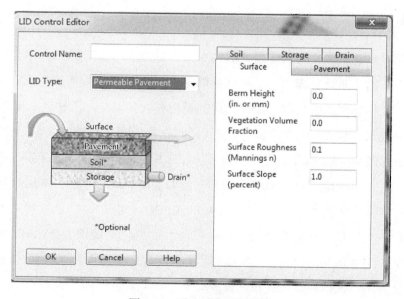

图 1-11 透水铺装模拟模块

（4）植草沟模拟。

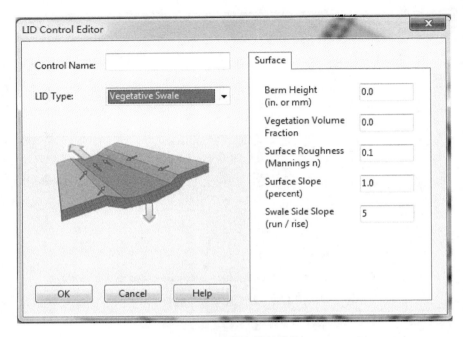

图 1-12　植草沟模拟模块

2）模型软件比选

海绵城市建设中需要的模型一般为水文计算的产汇流模型、水质模型、海绵设施模型、水力学计算模型等。在住建部提出的试点城市模型应用要求中，实际工作中可采用模型进行模拟，目前常用的模型和软件如下：①在城市地表径流模拟方面有美国 EPA SWMM（共享）、美国陆军工程师团开发的 HEC-系列（共享）、澳大利亚 XPSWMM（商业）、丹麦水力系统 MIKE 系列软件（商业）、英国 InfoWorks ICM（商业）、国内基于 SWMM 模型开发的 DigitalWater、鸿业 SWMM 等模型；②在城市河湖水体模拟方面有美国 EPA 的 EFDC（共享）、QUAL2K（共享）和 WASP（共享）、丹麦水力系统 MIKE 系列软件（商业）、英国 InfoWorks ICM（商业）以及荷兰的 Delft3D（商业）等模型，全国还有每个省市当地的水文、水力学、水质计算方法，包括经验公式和计算模型等。

在实际应用中，应根据海绵城市建设的基础条件和应用需求，遵循先易后难的原则，循序渐进地选择和构建有关的模型和软件；应用层次主要包括规划设计、状态评估与运行调度、水质模拟等。针对不同的数据基础和应用需求，建立不同简化程度、不同精度等级的模型。有条件的可一步到位建设高精度的模型，可同时满足规划设计、状态评估、运行调度和水质模拟等应用需求。

1.2.3　绿色屋顶国外现状

国外长期实践经验表明，绿色屋顶具有良好的生态效益、社会效益和经济效益。绿色屋顶的生态效益主要有缓解城市热岛效应、减轻暴雨冲击、减少水土流失、净化城市空气和减少城市的噪声污染；绿色屋顶的经济效益主要体现在能够延长屋顶寿命、实现建筑节能、降低城市绿地的建设成本，并且可以种植经济作物；社会效益主要是能够提供丰富的景观，满足人们对于绿色的需求，同时延伸城市空间，增加在屋顶花园中缓解压力的方式。

各国从 20 世纪七八十年代开始，通过政策性扶持对绿色屋顶进行普及，国外绿色屋顶及其常用结构如图 1-13 所示。美国根据美国绿色建筑协会颁布的《能源和环境设计先导》（*Leadership in Energy and Environmental Desigh*，LEED），把绿色屋顶正式纳入"美国绿色建筑评估体系"，对评定结果达到一定分值以上的项目，提供联邦基金或地方政府的有关财政补贴（郑麒，2009）。美国的波特兰市规定所有新的政府机构建筑必须有 70%的屋顶绿化面积（马辉，2005）。美国著名的绿色屋顶有华盛顿水门饭店屋顶花园、美国标准石油公司屋顶花园（陈景升和何友均，2008）。日本政府从 1999 年开始对修建绿色屋顶的业主提供低息贷款，建筑面积在 2000m² 以上，屋顶花园面积占屋顶面积 40%以上时，不仅可以得到修建屋顶花园所需资金的低息贷款，而且主体建筑也可以享受部分低息贷款（陆文妹和张云生，2005）。新加坡政府为了建设成为花园城市，提出了"绿化高楼"计划《新加坡空中绿化手册》（*Handbook of Skyrise Greening in Singapore*），鼓励开发商开辟高楼空中花园。韩国建筑法规在"第 32 条土地造景"中明确指出了义务造景的基准：屋顶造景面积的三分之二可以用于计算造景面积，但不可以超过整体造景面积的百分之五十。韩国首尔市对于建筑屋顶的绿色屋顶改造给予一定的费用支援。加拿大早在 1999 年就成立了目前在北美屋顶绿化领域非常有名的非营利性组织 "Green Roof for Healthy Cities North American"。2002 年 12 月，一些著名的园林专家编写并发布了加拿大的《屋顶绿化技术导则》。

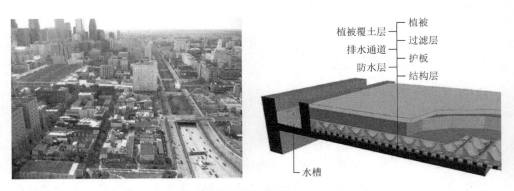

植被覆土层 —— 植被
排水通道 —— 过滤层
防水层 —— 护板
—— 结构层
—— 水槽

图 1-13　国外绿色屋顶及其常用结构（Culligan et al.，2014）

国外对于绿色屋顶的研究很多，首先是关于水量水质监测及模拟等方面。Berndtsson（2010）以综述形式讨论了绿色屋顶对管理城市地区水量与水质的作用；Palla 等（2012）将水文的思想应用于绿色屋顶降雨出流的模拟中，引入线性水库模型对出流过程进行模拟，取得了不错的效果；Berghage 等（2009）根据美国环境保护署的项目，通过室内外实验，研究了绿色屋顶的降雨出流过程、蒸发情况以及水质情况；Culligan 等（2014）根据七处绿色屋顶的实测数据具体分析了绿色屋顶蓄水量与降雨量的关系，同时建立了以水量为基础的拟合模型；Carson 等（2013）采用纽约一处绿色屋顶的几年时间的降雨出流数据，通过二次函数方法拟合降雨出流关系曲线；Hilten 等（2008）、Hakimdavar 等（2014）均提出采用 Hydrus-1D 模拟绿色屋顶下渗出流情况，但也仅仅是模拟装在类似于花盆内的模块式绿色屋顶的其中一个模块，土壤参数简单地设置为 sand 类型，结果较为粗糙；Palla 等（2009）对于土层较厚的绿色屋顶采用二维土壤模型 SWMS 2D 模拟绿色屋顶中土壤水运情况，并很好地模拟了剖面水流运动情况，但是建模极其复杂，代码由一系列程序包组成；Liu 和 Minor（2005）通过改造绿色屋顶的出水管，加装了管道式的流量仪，获得了绿色屋顶实时出流数据；Burszta-Adamiak 和 Mrowiec

（2013）、Palla 等（2008）、Alfredo 等（2010）均采用 SWMM 对绿色屋顶降雨出流情况进行模拟，Alfredo 对比了 CN 法和存储节点的概化方法，结果发现 CN 法拟合度较低，拟合出流量偏小，Palla 则利用 SWMM 在流域尺度上对绿色屋顶进行模拟；She 和 Pang（2010）建立了绿色屋顶物理模型来模拟下渗、排水等模块，并用多年降雨数据验证，总体上遵循的还是水量平衡的原理。Vijayaraghavan 等（2012）根据搭建的绿色屋顶模型，详细分析了在自然降雨条件下绿色屋顶出水水质情况。Razzaghmanesh 和 Beecham（2014）研究了在极端干旱条件下简式绿色屋顶和密集型绿色屋顶对于降雨的滞留情况，结果发现降雨与出流没有明显的线性关系，但总体上能够起到削峰延迟出流的作用。Tolderlund 和 Drainage（2010）根据研究结果以及实践经验编写了半干旱地区绿色屋顶设计及维护指南，从实用性角度详细列举了绿色屋顶的设计、选址以及养护情况，具有很高的实际指导意义。

此外，绿色屋顶其他方面的性能也得以被详细研究。Santamouris（2014）根据相关资料研究了绿色屋顶降低热岛效应的性能，结果显示绿色屋顶能够降低热岛效应 $0.3\sim3K$；Yang 等（2008）根据芝加哥地区的实测数据，详细分析了绿色屋顶对于降低空气污染方面的作用，发现绿色屋顶对于净化城市地区空气效果显著；哥伦比亚大学的 Gaffin 等（2011）采用传感器研究了绿色屋顶的热量平衡情况，发现绿色屋顶能够起到很好的隔热保温作用，效果显著；Voyde 等（2010）采用绿色屋顶常用植被，通过传感器监测，定量分析并确定了新西兰地区绿色屋顶的蒸散发比例；Zinzi 和 Agnoli（2012）、Castleton 等（2010）、Coutts 等（2013）和 Sonne（2006）根据实测数据从节能减排角度发现，绿色屋顶保温隔热的同时能够显著减少能源消耗，做到节能环保；Wong 等（2008）编写的 EPA 报告对比了不同种类绿色屋顶对于降低城市热岛效应的作用，从价格、效果、效费比、屋顶布置安装维护以及火灾隐患等角度，综合考虑了绿色屋顶降温性能，得出的结论是，绿色屋顶是最安全环保的降低城市热岛效应的措施之一；Dunnett 和 Kingsbury（2008）、Oberndorfer 等（2007）、Currie 和 Bass（2008）详细研究了绿色屋顶所选用的植被，分析了不同植被对于绿色屋顶综合表现的影响；Saadatian 等（2013）根据实测温度及热通量数据，分时段研究了绿色屋顶温度与热通量之间的关系。Sun 等（2013）建立了基于城市冠状层的水热耦合模型，也取得了良好的拟合效果。

1.2.4　绿色屋顶国内现状

国内绿色屋顶建设起步较晚，早期的绿色屋顶主要是在四川省等一些地方的住宅楼屋顶和厂房屋顶种植花草树木和蔬菜等，而我国第一个大型屋顶花园，则是建于广州东方宾馆的 10 层屋顶。近几年来，国内种植屋面技术研究和推广工作进展很快，取得了令人瞩目的成就，屋面种植的生态环保作用、美化作用和休闲功能得到了社会的广泛认同，绿色屋顶现状如图 1-14 所示。各大城市例如成都、重庆、北京、上海、天津、杭州、深圳、长沙、大连等，在绿色屋顶相关技术方面的研究也在陆续进行，各城市的绿色屋顶相关政策也在陆续出台。

图 1-14　国内绿色屋顶现状

济南时报 2013 年 11 月 18 日报道《济南屋顶绿化尴尬中前行》

济南市自 2011 年起推广屋顶绿化，目前已完成 10 余万 m^2，推广面积仍将继续加大。为促进屋顶绿化建设，政府曾给予绿色屋顶项目一定的补贴。根据《济南市 2011 年度屋顶绿化建设管理有关规定》，市园林局按实际完成面积每平方米 100 元补贴各区园林局。各区园林局根据建成后的基质厚度和景观效果，确定具体发放屋顶绿化建设奖励补贴的标准，并按照实际建设面积统一发放给屋顶绿化的建设单位。此外特别注意的是，在屋顶种植农作物的，不享受政府的补贴。但时至今日，部分屋顶绿化或已变成菜园或荒芜残败，有的还与经营挂钩。济南市明确规定，屋顶绿化建成后，应由产权单位养护。如若不养护，济南也尚无惩处依据，这成了我国绿色屋顶推进过程中的一个代表性问题。

我国对于绿色屋顶的研究积累较少，大多集中于绿色屋顶结构、荷载、绿化效果等方面的研究，鲜有关于水质水量数值模拟的研究。周林园和狄育慧（2013）、陈晋（2012）概括了绿色屋顶的基本结构；卢珊珊（2016）研究了北京地区绿色屋顶种植植物组合与基质厚度，发现由反曲景天、"胞脂红"景天和"光亮"假景天组成的植物组合效果最佳，基质厚度对植被组合的生长有重要的影响；黄文杰等（2016）对绿色屋顶隔热性能开展研究，发现绿色屋顶加入隔热模块后能够显著降低屋顶温度的波动，晴天情况下屋面温度降低 3.7~5℃；翟丹丹等（2015）分析了简单式绿色屋顶雨水径流滞留效果的影响因素，结果显示排水层材料对滞留雨水影响不明显，基质初始湿度、基质种类有明显影响，并且对较低重现期的降雨事件具有更好的雨水径流滞留效果；王晓晨等（2015）发现营养基质材料对绿化屋顶径流水质有关键性的影响，特别是对硒酸盐、磷酸盐和有机物这类易因淋洗而释放的污染物；段丙政等（2013）对比分析了沥青屋顶、基质屋顶、草坪屋顶以及模块屋顶，发现草坪屋顶能削减暴雨径流量 50%左右，除 TN、NO_3-N 外其余污染物都有所削减；李春祥（2003）综合分析了绿色屋顶荷载对于建筑结构的影响；王书敏等（2012）综合分析了绿色屋顶径流过程中氮磷浓度分布及赋存形态；罗鸿兵等（2012）对国内外绿色屋顶径流水质监测发展状况进行阐述，并从绿色屋顶径流收集、降雨场次、监测指标、径流水质和污染物传输的影响因子等方面进行了归纳和总结；陆明和蔺阿琳（2015）分析了严寒地区绿色屋顶对太阳辐射的季节性调节作用，以及我国严寒地区绿色屋顶规划设计策略，发现绿色屋顶在严寒地区能够减少能耗、增加城市绿地率、改善城市环境。

综上所述，我国海绵城市建设中绿色屋顶研究存在的问题主要表现在以下几个方面。

（1）绿色屋顶实验研究非常匮乏。自 2014 年住建部颁布海绵城市建设技术指南以来，各大海绵城市试点均处于起步规划建设阶段，落实的项目仅限于试点小区等尺度，数量较少，能够布设绿色屋顶的就更少。此外，很多绿色屋顶布置以后责任划分不清，缺乏管理，缺乏观测和持续研究。

（2）绿色屋顶蓄滞能力定量研究几乎没有。论文中一般均提到基质厚度以及基质湿度对蓄滞能力有影响，但具体分析时却缺乏定量研究，缺乏由大量实测数据推导得出的简单实用的降雨出流公式等相关定量数据和规律。

（3）绿色屋顶下渗出流数值模拟未见报道。绿色屋顶的建模分析几乎处于空白阶段，比如将 CN 法、线性水库法等运用到降雨出流过程模拟中；比如建立连续的水量平衡模型；比如建立水热耦合的能量模型；比如建立基于下渗理论的下渗模型等，均未见报道。

1.3　本书主要内容

本书介绍了 LID 技术，回顾了国内外绿色屋顶技术，分析了国外关于绿色屋顶的政策措施、绿色屋顶水量水质监测及模拟、绿色屋顶其他方面的性能研究等方面的进展，概述了我国各大城市在绿色屋顶建设时的一些政策及案例，分析了绿色屋顶结构、荷载、绿化效果等方面的研究进展。然后，提出了开展绿色屋顶技术的实验设计方案，并基于该实验，对绿色屋顶的结构进行了研究，分析了轻型透水性绿色屋顶蓄滞效应，开展了绿色屋顶下渗模拟及水量平衡模拟。

全书共分 5 章：

第 1 章介绍并对比了常用 LID 技术，论述了开展绿色屋顶建设的意义及国内外研究进展。

第 2 章详细提出了绿色屋顶技术的实验设计方案，包括研究区概况、试验基地及实验仪器、仪器设备、降雨实验方案、现场设置布置等。

第 3 章从绿色屋顶的剖面结构、各部分选材、人工复合土的配比等方面，详细介绍了绿色屋顶技术的结构。

第 4 章分析了轻型透水性绿色屋顶蓄滞效应，包括绿色屋顶结构的蓄水量、绿色屋顶结构的降雨径流关系，并从前期土壤含水量影响、土壤厚度影响、不同雨强影响、不同坡度影响等方面，全面分析了绿色屋顶的蓄滞效应。

第 5 章采用数值模拟的方法，对绿色屋顶的下渗过程进行了模拟，并进行了绿色屋顶水量平衡计算。

参 考 文 献

陈晋，2012. 绿色屋顶的结构及材料[J]. 建材世界，33（1）：60-62，73.

陈景升，何友均，2008. 国外屋顶绿化现状与基本经验[J]. 中国城市林业，6（1）：74-76.

段丙政，赵建伟，高勇，等，2013. 绿色屋顶对屋面径流污染的控制效应[J]. 环境科学与技术，36（9）：57-59.

黄文杰，梅胜，杨晚生，2016. 复合种植屋面隔热模块的性能测试分析[J]. 建筑节能，44（9）：50-55.

李春祥，2003. 绿色屋顶荷重对建筑结构的影响[J]. 华东船舶工业学院学报（自然科学版），17（6）：17-20.

卢珊珊，2016. 北京地区植被屋面植物组合与基质厚度研究[D]. 北京：北京林业大学.

陆明，蔺阿琳，2015. 严寒地区绿色屋顶对太阳辐射调节作用研究[J]. 建筑与文化，（10）：125-126.

陆文妹，张云生，2005. 我国屋顶绿化发展综述[J]. 生物学教学，30（9）：53-55.

罗鸿兵，刘瑞芬，邓云，等，2012. 绿色屋顶径流水质监测研究进展[J]. 环境监测管理与技术，24（3）：12-17，55.

马辉，2005. 屋顶空间的开发与利用[D]. 天津：天津大学.

王书敏，何强，张峻华，等，2012. 绿色屋顶径流氮磷浓度分布及赋存形态[J]. 生态学报，32（12）：3691-3700.

王晓晨，张新波，赵新华，等，2015. 绿化屋顶基质材料及厚度对屋面径流雨水水质的影响[J]. 中国给水排水，
　　31（1）：95-99.

翟丹丹，宫永伟，张雪，等，2015. 简单式绿色屋顶雨水径流滞留效果的影响因素[J]. 中国给水排水，31（11）：
　　106-110.

郑麒，2009. 国外屋顶绿化推广的政策分析与启示[J].中国环保产业，（9）：57-61.

周林园，狄育慧，2013. 绿色屋顶的研究现状及前景分析[J]. 洁净与空调技术，（3）：49-51，54.

Alfredo K，Montalto F，Goldstein A，2010. Observed and modeled performances of prototype green roof test plots
　　subjected to simulated low-and high-intensity precipitations in a laboratory experiment[J]. Journal of Hydrologic
　　Engineering，15（6）：444-457.

Berghage R D，Beattie D，Jarrett A R，et al.，2009. Green roofs for stormwater runoff control[R]//HTTP：//NEPIS. EPA.
　　GOV/EXE/ZYPURL. CGI？DOCKEY = P1003704. TXT.

Berndtsson J C，2010. Green roof performance towards management of runoff water quantity and quality：A review[J].
　　Ecological Engineering，36（4）：351-360.

Burszta-Adamiak E，Mrowiec M，2013. Modelling of green roofs' hydrologic performance using EPA's SWMM[J]. Water
　　Science and Technology，68（1）：36-42.

Carson T B，Marasco D E，Culligan P J，et al.，2013. Hydrological performance of extensive green roofs in New York
　　City：observations and multi-year modeling of three full-scale systems[J]. Environmental Research Letters，8（2）：
　　024036.

Castleton H F，Stovin V，Beck S B M，et al.，2010. Green roofs：building energy savings and the potential for retrofit[J].
　　Energy and Buildings，42（10）：1582-1591.

Coutts A M，Daly E，Beringer J，et al.，2013. Assessing practical measures to reduce urban heat：Green and cool roofs[J].
　　Building and Environment，70：266-276.

Culligan P J, Carson T B, Gaffin S, et al., 2014. Evaluation of Green Roof Water Quantity and Quality Performance in an Urban Climate[R].

Currie B A, Bass B, 2008. Estimates of air pollution mitigation with green plants and green roofs using the UFORE model[J]. Urban Ecosystems, 11 (4): 409-422.

Dunnett N, Kingsbury N, 2008. Planting green roofs and living walls[M]. Portland, OR: Timber Press.

Gaffin S, Rosenzweig C, Khanbilvardi R, et al., 2011. Stormwater retention for a modular green roof using energy balance data[J]. Center for Climate System Research, (January), 19.

Hakimdavar R, Culligan P J, Finazzi M, et al., 2014. Scale dynamics of extensive green roofs: Quantifying the effect of drainage area and rainfall characteristics on observed and modeled green roof hydrologic performance[J]. Ecological Engineering, 73: 494-508.

Hilten R N, Lawrence T M, Tollner E W, 2008. Modeling stormwater runoff from green roofs with HYDRUS-1D[J]. Journal of Hydrology, 358 (3-4): 288-293.

Liu K, Minor J, 2005. Performance evaluation of an extensive green roof[J]. Green Rooftops for Sustainable Communities, Washington, D.C, 1-11.

Oberndorfer E, Lundholm J, Bass B, et al., 2007. Green roofs as urban ecosystems: ecological structures, functions, and services[J]. BioScience, 57 (10): 823-833.

Palla A, Berretta C, Lanza L G, et al., 2008. Modelling storm water control operated by green roofs at the urban catchment scale[C]//11th International Conference on Urban Drainage, Edinburgh.

Palla A, Gnecco I, Lanza L G, 2009. Unsaturated 2D modelling of subsurface water flow in the coarse-grained porous matrix of a green roof[J]. Journal of Hydrology, 379 (1): 193-204.

Palla A, Gnecco I, Lanza L G, 2012. Compared performance of a conceptual and a mechanistic hydrologic models of a green roof[J]. Hydrological Processes, 26 (1): 73-84.

Razzaghmanesh M, Beecham S, 2014. The hydrological behaviour of extensive and intensive green roofs in a dry climate[J]. Science of The Total Environment, 499: 284-296.

Saadatian O, Sopian K, Salleh E, et al., 2013. A review of energy aspects of green roofs[J]. Renewable and Sustainable Energy Reviews, 23: 155-168.

Santamouris M, 2014. Cooling the cities—A review of reflective and green roof mitigation technologies to fight heat island and improve comfort in urban environments[J]. Solar Energy, 103: 682-703.

She N, Pang J, 2010. Physically based green roof model[J]. Journal of hydrologic engineering, 15 (6): 458-464.

Sonne J, 2006. Evaluating green roof energy performance[J]. ASHRAE Journal, 48 (2): 59-61.

Sun T, Bou-Zeid E, Wang Z H, et al., 2013. Hydrometeorological determinants of green roof performance via a vertically-resolved model for heat and water transport[J]. Building and Environment, 60: 211-224.

Tolderlund L, Drainage U, 2010. Design Guidelines and Maintenance Manual for Green Roofs in the Semi-Arid and Arid West[M]. Denver: Green Roofs for Healthy Cities.

Vijayaraghavan K, Joshi U M, Balasubramanian R, 2012. A field study to evaluate runoff quality from green roofs[J].

Water Research，46（4）：1337-1345.

Voyde E，Fassman E，Simcock R，et al.，2010. Quantifying evapotranspiration rates for New Zealand green roofs[J]. Journal of Hydrologic Engineering，15（6）：395-403.

Wong E，Akbari H，Bell R，et al.，2008. Reducing urban heat Islands：compendium of strategies[C]//EPA Protection Partnership Division in the US. Environmental Protection Agency's Office of Atmospheric Programs Climate.

Yang J，Yu Q，Gong P，2008. Quantifying air pollution removal by green roofs in Chicago[J]. Atmospheric environment，42（31）：7266-7273.

Zinzi M，Agnoli S，2012. Cool and green roofs. An energy and comfort comparison between passive cooling and mitigation urban heat island techniques for residential buildings in the Mediterranean region[J]. Energy and Buildings，55：66-76.

2

第2章 实验设计

2.1 研究区、试验基地及实验仪器

济南市位于山东省中西部，南部为山区地带，北部靠近黄河，地形由南向北逐渐趋于平坦。济南四季分明，除夏季外，气候干燥、降雨偏少，冬季较长，1月、2月和12月平均气温多为0℃或0℃以下。济南年平均降雨量650～700mm，降雨多为夏季集中暴雨，一次暴雨产生的降雨量甚至可达100mm以上，具有典型的北方半干旱区降雨特征，易形成内涝灾害，且难以收集、存储与利用。本书以济南市的绿色屋顶为研究对象，以期提出适应于北方半干旱区降雨特征的绿色屋顶技术，服务于海绵城市建设。

在济南等半干旱地区布置绿色屋顶需要充分考虑到当地气候及降雨条件。一方面能够适应北方半干旱区干旱季节长时间干旱的现状；另一方面能够在集中降雨的季节充分吸收和存储天然降雨，发挥雨水蓄滞作用，实现对城市雨洪削峰减量的目的。

试验基地为济南市水文局的水文观测实验站，实验站内的固定设备包括水文气象观测场以及人工模拟降雨系统。水文气象观测场（图2-1）包括自动雨量计、自动蒸发器、融雪雨量计和风速风向仪等，能够自动采集温度、湿度、风速、风向、太阳辐射、蒸发量、土壤墒情和降雨量等水文气象因子，为实验提供基础参照数据。

人工模拟降雨系统由室外降雨大厅（图2-2）及自动控制系统组成，自动控制系统的控制界面如图2-3所示。其中，室外降雨大厅能够模拟天然情况下降雨及

图 2-1 水文气象观测场

雨后蒸发情况,能够避免由室内降雨导致的蒸发量偏低的情况。自动控制系统能够实时调节降雨大厅水泵功率以及降雨喷口的开度,根据设定值调节降水量的多少,并根据试验场内的雨量计实时反馈实际雨强,便于手动进一步修正。降雨结束后能够显示实时雨强及累计降雨过程线。

图 2-2 室外降雨大厅

其余设备主要包括：土壤温湿度传感器、EC 空气湿度传感器、传感器自动控制系统、翻斗式径流仪、土柱仪、张力计、HOBO 雨量计和便携式渗流计。

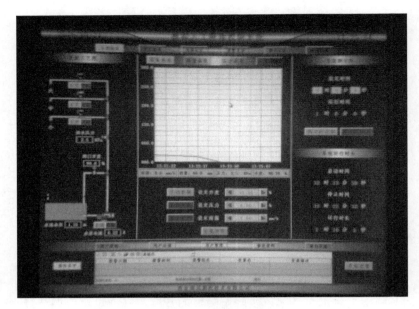

图 2-3　自动控制界面

2.2　绿色屋顶降雨模拟监测系统

针对本书中的绿色屋顶实验及观测要求，本研究建立了绿色屋顶降雨模拟及监测系统，系统由降雨实时反馈控制系统（图 2-4）、实验土槽子系统（图 2-5）、传感器控制系统和数据库组成。

降雨实时反馈控制系统（图 2-4）由室外降雨大厅的控制反馈系统及布设的 HOBO 雨量计实现，能够根据试验场地内布置的雨量计实时反馈降雨强度，并用于控制降雨强度大小，可以实时观测降雨强度和累计降雨量。

实验土槽子系统由实验土槽、安装的绿色屋顶结构以及一系列传感器组成。其结构简图如图 2-5 所示。其中 A 为实验土槽，上部土槽主体结构尺寸为 1.5m 长、1m 宽、0.5m 深，土槽角度调节范围为 0°～30°，可以模拟不同屋顶坡度情况，右侧开两个孔，分别用于降雨下渗后的出流和地表径流的出流；B 为安置在上部土

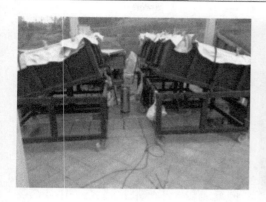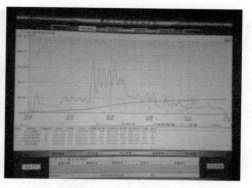

图 2-4　降雨实时反馈控制系统

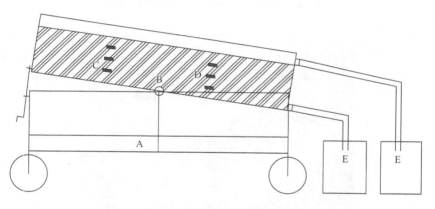

图 2-5　实验土槽子系统简图

槽中的绿色屋顶结构，本实验中分别采用 0cm、10cm、20cm 和 30cm 四组不同深度的种植基质层的绿色屋顶结构做对比试验，其余结构基本相同；C 为土壤温湿度传感器（图 2-6（a）），除了 0cm 的实验土槽外，其余土槽均布置有 3 个为一组的土壤温湿度传感器，传感器均匀埋设在绿色屋顶的土层中，连接外侧的无线发射器传输信号；D 为 EC 电导率传感器（图 2-6（b）），其布设方式与土壤温湿度传感器相同，不同之处在于与其相连的无线信号发射器上安装有空气温湿度传感器，可以返回空气温度和湿度；E 为翻斗式径流仪，考虑到 0cm 土层的绿色屋顶没有表面径流，并且蓄滞能力较低，所以采用一个径流仪连接底部出水口，径流仪每斗容积为 300mL，其余土槽均采用两个流量计分别对应底部出流和表面径流，每斗容积相应减小为 150mL。由此组成实验土槽子系统，实物图如图 2-7 所示。

(a) 温湿度传感器   (b) EC电导率传感器

图 2-6 温湿度传感器与 EC 电导率传感器

图 2-7 实验土槽子系统实物

    传感器控制系统（图 2-8）用于控制各传感器工作参数，记录其工作状态。首先，土壤温湿度传感器和 EC 电导率传感器由同一系统控制，控制传感器编号、数据采集时间等，本例中数据采集时间间隔为 5min；HOBO 雨量计以及翻斗式径流仪由同一系统控制,控制仪器启闭并且设置每斗的计数量,其唯一缺点在于需要采用数据线连接的方式进行操作。

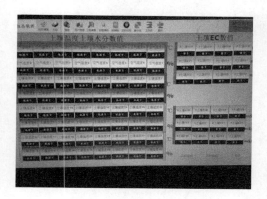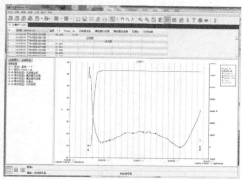

图 2-8 传感器控制系统

最后是数据库系统,土壤温湿度传感器与 EC 传感器的数据库统一存储(图 2-9 和图 2-10),具有数据库编辑和数据库查询的功能,但一次查询显示的数据不能超过 5 天的数据量。而 HOBO 雨量计以及翻斗式径流仪的数据需要在仪器的电池耗尽之前用有线方法读出,再继续转成 Excel 格式数据进一步处理。

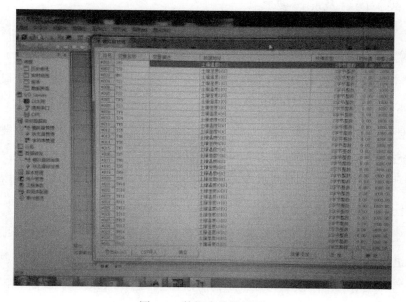

图 2-9 数据库编辑界面

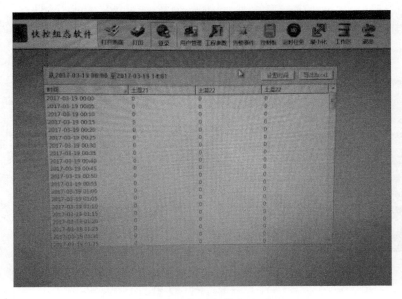

图 2-10 数据库查询界面

2.3 降雨实验方案设计

2.3.1 实验内容及测量要素

本实验的主要内容是对比只铺设草皮以及铺设 10cm、20cm 和 30cm 土层并种植佛甲草的四种绿色屋顶结构在不同条件下降雨出流情况，同时测量绿色屋顶土层温湿度情况、土壤 EC 值情况以及实验周期内的空气温湿度情况。

为便于表述，这里将安置只铺设草皮的绿色屋顶结构的土槽称为土槽 1；安置有 10cm 土层并且表面长有佛甲草的绿色屋顶结构的土槽称为土槽 2；安置有 20cm 土层并且表面长有佛甲草的绿色屋顶结构的土槽称为土槽 3；安置有 30cm 土层并且表面长有佛甲草的绿色屋顶结构的土槽称为土槽 4。

实验主要分为三个阶段，第一个阶段是干旱降雨阶段，整个绿色屋顶系统刚刚装备进入土槽时，将人工复合土充分晒干，模拟济南长期干旱之后绿色屋顶对于降雨的响应情况；阶段二为连续降雨阶段，控制 1d 或 2d 一次实施人工降雨，模拟济南夏季集中密集的高强度降雨条件下绿色屋顶的响应情况；阶段三为坡度降雨阶段，因为济南部分屋顶为倾斜屋顶，绿色屋顶结构安装之后整个系统也处于倾斜有坡度的状态，因此设置土槽坡度为15°，研究在斜坡屋顶上绿色屋顶结构的表现情况。

2.3.2 设计降雨

为反映绿色屋顶对济南当地天然降雨峰量、峰时以及总水量的影响，本实验采用济南市市政工程设计研究院于 2004 年修订的济南市暴雨公式

$$q = \frac{1869.916(1 + 0.75731 \lg P)}{(t + 11.0911)^{0.6645}} \qquad (2-1)$$

式中，q 为设计降雨强度，单位为 L/(s·hm^2)；t 为降雨历时，单位为 min；P 为设计重现期，单位为 a。

根据实际情况，为充分反映绿色屋顶效果，本次试验选取 2 年、5 年、10 年、20 年和 50 年的重现期，降雨历时采用 60min，总降雨量分别为：$P_2 = 48.9877$mm，$P_5 = 61.0100$mm，$P_{10} = 70.1044$mm，$P_{20} = 79.1989$mm，$P_{50} = 91.2211$mm。采用芝加哥雨型生成设计降雨过程，其中，根据相关资料，芝加哥雨型中的峰值比例 r 选定为 0.4。其中 2 年一遇降雨过程如图 2-11 所示。

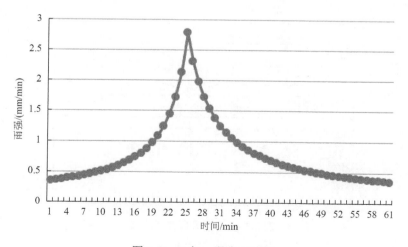

图 2-11 2 年一遇降雨过程

实际降雨过程中，结合济南当地降雨大厅操作延迟、雨强调节不灵敏等情况，将雨强间隔设定为 10min，方便实际操作，修改后 2 年一遇降雨过程如图 2-12 所示。

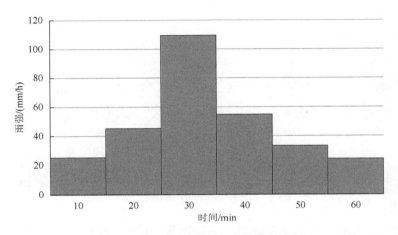

图 2-12　简化后的便于操作的降雨过程

2.3.3　降雨现场布置

降雨大厅下均匀布置土槽、径流仪、雨量计，布置简图如图 2-13 所示。

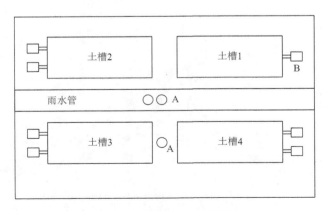

图 2-13　降雨大厅布置简图

四个土槽按照图示顺序依次布设，场地中间为雨水管渠，方便降雨后的雨水及时排除；其中 A 表示雨量计，场地中间位置处布设有两只雨量计，其中一只用于降雨实时反馈，另一只用于记录降雨过程；场地边缘处布置有一只雨量计，主要是为了防止降雨不均匀导致的降雨过程采集不准确。B 处表示翻斗式径流仪，将其布设在场地靠外侧，主要是防止土槽出流量大时，翻斗溅起的水花会影响到中间雨量计的准确度。实际布置情况如图 2-14 所示。

图 2-14　降雨大厅实际布置

3

第3章　绿色屋顶结构研究

3.1　剖　面　结　构

3.1.1　设计要点

济南市全年降雨偏少，夏季降雨集中，雨季降水难以收集、存储和利用。设计时必须考虑到：①能够适应北方半干旱区干旱季节长历时的缺水情况；②能够在集中降雨的季节充分吸收和存储天然降雨，保证充分利用雨水资源的同时达到整个区域上蓄滞雨水，实现对城市雨洪削峰减量的目的。

在冬季，屋顶所处位置高，风大且气温低，绿色屋顶所种植被易遭受冻害。因此，在选择绿色屋顶的植被时，必须选择耐旱、耐寒、生长较快、方便在大风条件下稳固种植基质的植被。

满足以上要求的同时，还应确保绿色屋顶的透水性与排水性，防止局部积水或种植基质中湿度太高。局部积水或基质湿度太高，会导致绿化植被烂根死亡，亦会影响整个系统在高强度连续降雨条件下对雨水的蓄滞效能。

此外，除新建楼房建设绿色屋顶外，还存在大量的对已建建筑进行绿色屋顶改造的情况。已建建筑屋面改造为绿色屋顶，俗称"平改绿"。在既有屋面的绿色屋顶改造中，最关键的是承重问题。济南大部分小区建设较早，当时在设计建筑屋顶时，虽然未考虑屋顶绿化等额外荷载，但考虑了水泥砂浆层等的保温结构荷载，因此可以充分利用这部分保温荷载，满足绿色屋顶建设所需荷载要求。

最后，在满足以上功能的条件下，应结合当地优惠和补贴政策等实际情况，综合控制成本。

3.1.2　结构组成

根据设计、施工、维护以及植物选择等复杂程度，绿色屋顶的结构可分为开敞型、密集型和半密集型。

开敞型绿色屋顶，亦可称为拓展型或粗放型绿色屋顶，是屋顶绿化中最简单的形式，一般以地皮景天类植物或直接采用草皮为代表，优点是低维护、免灌溉、荷载小、造价低等，缺点也显而易见，存活率低、使用周期短等。

密集型绿色屋顶，特点是荷载大、造价高，对屋顶结构要求高，需经常性的养护和灌溉。可种植的植被种类较多，高大的乔木、低矮的灌木、地皮植物都可以使用，还可结合喷泉、水池、桌椅、步道和人造景观等进一步提升美观度。

半密集型绿色屋顶，是介于开敞型和密集型之间的一种屋顶绿化形式，可选植被相对于开敞型绿色屋顶较为多样和丰富，也需要定期的维护和适量的灌溉。荷载适中，一般为 $120 \sim 250 \text{kg/m}^2$，同时造价也适中，最终效果相对于开敞型绿色屋顶方案更加美观，使用周期也较长。

结合实际情况，综合考虑使用效果、场地适用性、建设及使用成本等因素，本研究最终选择半密集型绿色屋顶作为屋顶绿化类型。其基本结构组成如图 3-1 所示，从上到下依次为：植被层、种植基质层、防水排水层和建筑结构层。

根据济南当地气候及建筑实际情况，结合前文所述的设计要求，研发适应于北方半干旱区的轻型透水性绿色屋顶，其主要特点在于以下几个方面：

（1）针对降雨量少且集中的特点，采用透水性种植基质人工复合土与蓄排水板、新型 PVA 保湿垫结合，兼顾排水与蓄水保湿功能；

（2）针对冬季、旱季较长的情况，选取耐寒、耐旱能力较强且具有一定景观作用的景天属植物作为种植植被，本设计中采用佛甲草作为代表进行研究；

（3）针对夏季高温、冬季低温的情况，采用保温材料，与干燥时的 PVA 保湿垫以及种植基质组成保温隔热系统，用于夏季隔热、冬季保温，同时防止植被冻害情况发生；

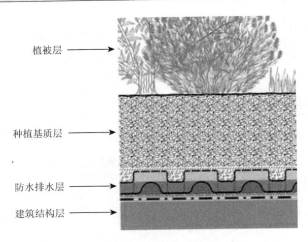

图 3-1　半密集型绿色屋顶基本结构示意图

（4）针对建筑屋顶荷载预留量不足的情况，考虑使用轻型人工复合土来降低荷载，并在结构中加入轻型隔热保温层，用于取代传统的水泥砂浆保温层，从而留出安全荷载量；

（5）济南市政府自 2011 年开始对屋顶绿化给予支持，每平方米补贴 80～100 元。

所以，实现以上功能的前提下，选取性价比优良的原材料，结合政府补贴政策，控制结构总体成本。

综上，最终的结构剖面图如图 3-2 所示。

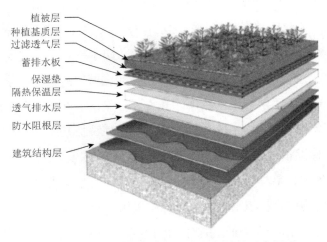

图 3-2　轻型透水性绿色屋顶详细结构示意图

3.2　各部分选材

3.2.1　防水阻根层

防水阻根层的主要作用为：防水和防根系穿刺两方面。防水的主要目的是将屋顶多余的水分与建筑屋面相阻隔，防止水从外部渗入建筑物。防水层是绿色屋顶结构中非常重要的一个环节，防水层一般处于绿色屋顶所有部件的最下面一层，是房屋顶板的主要保护元素，一旦出现渗漏，则需要把防水层以上的结构层次及种植植物等拆除后方可重新铺设，很难进行修复。阻根层的主要目的是防止根系穿透破坏屋顶结构。如果没有阻根层，绿色屋顶中植被根系会随着生长逐渐穿透土工布，然后从蓄排水板的接缝当中继续向下生长，穿透防水层或者屋顶结构，损坏屋顶结构，所以需要对植被根系进行隔离防护。

传统情况下，防水层主要是由沥青、煤焦油等组成的沥青板构成叠层沥青系统；阻根层一般由高密度有机材料加入化学药剂达到阻根的作用。以往两者是相互独立的，这里选择 EPDM 三元乙丙橡胶卷材（图 3-3），同时实现防水和阻根的

图 3-3　EPDM 三元乙丙橡胶卷材

功能，型号为企标 1.5mm，价格为 10 元/m^2。三元乙丙橡胶卷材的使用寿命一般是 10～15 年，具有安装速度快、接缝少、防漏性能强的特点。此外，由于是合成橡胶材料，所以材料兼顾抗根系穿刺的功能。

3.2.2 透气排水层和隔热保温层

当隔热层放置在防水层下方时会有饱和水出现，饱和水会增加热波动，并增加气泡出现和防水层撕裂的可能性。国外实践经验表明，隔热层最佳位置是在防水层上方，这样可以减少饱和水的出现。此外，隔热层设置在防水层上方，还存在便于施工和保护防水层的优点。然而，这种形式也有弊端，即此位置会阻碍排水，如果不能及时排水导致隔热层暴露在水中太久，隔热层将会失去应有的隔热保温性能，并且会导致种植基质层长时间处于无氧环境下。因此，本书在防水层和隔热层之间加入透气排水层，它的主要作用是排除多余水分，保持上部的隔热保温层始终处于干燥状态，避免因为长期泡水而使得隔热保温层失效。

选取三维排水网（图 3-4）作为透气排水层，放置于防水层和保温层之间，价格为 2.5 元/m^2；隔热保温层选取 EPS 发泡型聚苯乙烯板，因为其具轻质、易于运输切割、吸水后不易变形的特点，所选规格为 100cm×200cm×5cm，价格为 20 元/m^2。

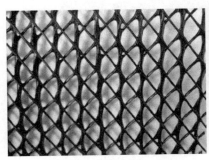

(a) 三维排水网　　　　　　　　　　　(b) 聚苯乙烯板

图 3-4　三维排水网与聚苯乙烯板

3.2.3　保湿垫

　　针对北方半干旱地区雨季集中、旱季较长、冬季持续低温的特点，加入 PVA 聚乙烯醇蓄水海绵片材作为保湿垫，暴雨期间吸收从排水板溢流的雨水，降雨过后再把水分缓慢地释放到上层的植被根系层中。

　　PVA 聚乙烯醇海绵（图 3-5）是一种吸水性能优异、吸水时柔软、干燥时坚硬的高分子材料。它不仅具有较快的吸液速率，同时还具有极大的吸液倍率。一般情况下，1g 的 PVA 材料可吸收相当于其自重 7 倍以上的液体。以 40cm×60cm×0.5cm 型号为例，干重为 145.08g，吸水饱和后重量为 1202.91g，吸水重量为 1057.83g，按照此型号铺满 1m² 的话，每平方米将能够吸收 4.4mm 的降雨，由此可见，其吸水倍率和储水能力是极其优异的，其成本也适中，为 10 元/m²。

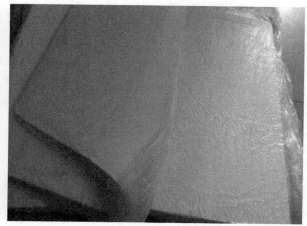

图 3-5　PVA 聚乙烯醇片材

3.2.4　蓄排水板

　　排水板的作用是排除种植土层下渗后的多余水分，保持空气流动，避免土层泡水缺氧（图 3-6（a））。本次研究选用双面凹凸蓄排水板（图 3-6（b）），价格为 7.6 元/m²。这种双面凹凸蓄排水板兼具排水和蓄水功能，结构上呈现出凹槽和凸起的凹凸相间的排列方式。在凸起顶端设有排水孔，当凸起朝上放置时，可以存储多余水分，当凸起朝下放置时将水直接排走，利于空气流通和水分蒸发。

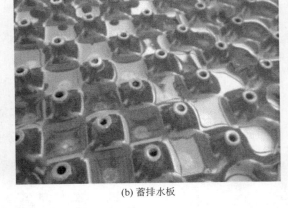

(a) 蓄排水板位置　　　　　　　　　　　　　(b) 蓄排水板

图 3-6　蓄排水板在绿色屋顶中位置与实拍

　　针对旱季较长的情况，设计时采用将有排水孔的凸起朝上放置的安装方式，方便储存多余雨水，与保湿垫一起组成保湿储水系统。

3.2.5　过滤透气层

　　过滤透气层采用三维复合排水网（图 3-7），它由中间一层三维排水网以及双面的土工布黏合而成，成本为 6 元/m²，使用时将其布置在种植土层之下。土工布纤维纤细致密，可以很好地隔离种植土层，有效截留土颗粒、细沙等，防止种植土随雨水流失；三维排水板将两层土工织物隔开，从而具有良好的透气性和排水性，能使水流通过；可以使绿色屋顶结构受力均匀，趋于一个整体，从而保持结构稳定；还兼顾防穿刺的功能；还能增加土层与凹凸排水板之间的摩擦阻力，提高整体结构的抗滑动性能。

图 3-7　三维复合排水网

3.2.6　种植基质层

种植基质层一般是由能够满足植物生长条件，具有一定的渗透性、蓄水能力和养分的材料组成。因为涉及屋顶荷载的问题，所以在满足以上条件的情况下，还必须是结构稳定的轻质材料。

绿色屋顶的种植基质主要是为植物提供生长空间，提供生长所需的养分、水分，同时固定植物，并且能够及时地排出屋面上多余的水分，是绿化植物生长的"土壤"。由于其所处位置的特殊性，基质层的供水和温度并不能够保持稳定。此外，基质层的重量对屋顶建筑结构安全性也有较大的影响，同时还肩负有蓄滞雨水的功能，所以与地面的普通土壤相比，绿色屋顶的种植基质层的限制条件也要多一些。图 3-8 为实验中的不同种植基质。

上述限制条件决定了种植基质的特性主要有以下几个方面：①具有一定的有机质，能够为植物提供必要的养分；②具有一定的蓄水能力，绿色屋顶上可蓄水的空间一般很小，基质层是为植物根系生长蓄水的主要空间，同时由于屋面上风速大、蒸发快，植被生长的环境比较恶劣，所以很需要与保湿垫、蓄排水板一起组成绿色屋顶的蓄水储水系统，同时也实现区域雨洪削峰减量的目的；③具有一定的渗透性，能够在高强度降雨的条件下将屋顶多

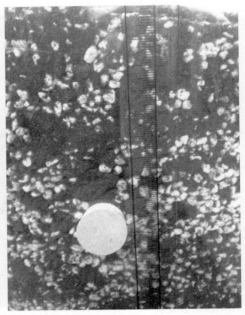

图 3-8　实验中两种种植基质

余降水及时排走，防止长时间积水和浸泡对植被和屋面结构造成的损害；④具有一定的孔隙率，保证植物根系能够透气，防止烂根的出现；⑤结构上较为稳定，能够保证在很长的时间尺度上实现以上功能，不会出现压实、干燥、起皮等现象。

目前工程上使用较多的种植基质主要有天然土、改良土和人造土。天然土大多使用工程附近当地土，取材方便且便宜，但是湿表观密度较大，造成绿色屋顶整体结构荷载较大，同时空隙率不稳定，容易出现水土流失现象。人造土则是完全脱离土壤，也被称为无土栽培基质，一般是利用天然矿物、工农业有机无机物组成的复合体，优点是超轻质，无毒无公害，但是价格偏高，结构很松散，容易坍塌。

本书中采用的是改良土或人工复合土（图 3-9）。它是由当地的田园土、轻质骨料、有机质和肥料混合而成，人工复合土兼顾了取材成本和荷载要求，应用最为广泛。通常的人工复合土常用配比和湿表观密度如表 3-1 所示。

图 3-9　人工复合土

表 3-1　人工复合土常用配比及湿表观密度

配比材料	配制比例	湿表观密度/(kg/m³)
田园土，轻质骨料	1:1	1200
腐叶土，蛭石，沙土	7:1:1	780~1000
田园土，草炭，肥料	4:3:1	1100~1300
田园土，草炭，松针土，珍珠岩	1:1:1:1	780~1100
田园土，草炭，松针土	3:4:3	780~950
轻质沙土，腐殖土，珍珠岩，蛭石	2.5:5:2:0.5	1100
轻质沙土，腐殖土，蛭石	5:3:2	1100~1300

注：基质湿表观密度一般为干表观密度的 1.2~1.5 倍。
来源：依据 DB11/T 281—2005，北京市地方标准，屋顶绿化规范。

　　关于基质层的铺设厚度，一方面取决于对蓄滞雨洪效果的预期，一方面取决于所选择的种植植物的性质和大小，种植基质厚度要求如表 3-2 所示。经有关研究认为，草本植物的生存界限为 100mm，生活界限为 300mm。也就是说，当土层厚度不足 300mm 时，需要额外的日常浇灌或者保湿措施。

　　关于人工复合土的具体性质及配比，在下一小节深入分析。

表 3-2　绿色屋顶种植基质厚度要求

植物种类	规格/m	基质厚度/cm
小型乔木	2.0～2.5	＞60
大灌木	1.5～2.0	50～60
小灌木	1.0～1.5	30～50
草本、地被植物	0.2～1.0	10～30

来源：依据 DB11/T 281—2005，北京市地方标准，屋顶绿化规范。

3.2.7　植被层

植被层是绿色屋顶平常能被看到的主要功能层，集中体现屋顶绿化的景观、生态等功能，为屋顶提供良好的视觉景观。此外，植被层还能够吸收二氧化碳，释放氧气，固定种植基质，减少粉尘，调节空气湿度，借助蒸散发作用缓解城市热岛效应等。

本书选用佛甲草（图 3-10）作为种植植物。佛甲草属于景天科多年生草本

图 3-10　佛甲草

植物，根据胡小京等（2012）、张寅媛等（2014）的研究，其具有节水、耐旱、耐寒、耐贫瘠、病虫害少、管理费用低等特点，是目前国内地毯式屋顶绿化应用较为广泛的植物材料。在适用性上，佛甲草在我国自然分布很广，除了西北地区的新疆、青海、内蒙古和甘肃等省（自治区）外，其他各省市的植物志上都有记载。佛甲草不仅易于成活，而且供氧量大，它的呼吸作用与一般植物相反，晚上吸入二氧化碳，白天释放氧气，并且能量比一般植物高 30 倍。在城市中大面积普及以佛甲草为植被的绿色屋顶对城市的二氧化碳及粉尘含量具有一定的降低作用。此外，佛甲草具有极强的节水效果，根据温广月等（2011）和刘明欣等（2017）对佛甲草和结缕草的耗水量研究，佛甲草在 5cm 土层情况下的耗水量仅为结缕草的 1/5，如果考虑到植被的耐旱性能等方面，佛甲草的节水性将更高。

3.3 人工复合土

选择人工复合土作为种植基质，本节对人工复合土具体性质及配比进行分析研究。屋顶绿化常用的种植基质从上到下分为三层：表层、培育层和排水层。表层一般有木屑、树皮、椰壳和磨砂土。培育层一般有轻型珍珠岩、当地田园土、草炭、松针土和木屑。排水层一般为排水板或者 1~3cm 粒径的椰壳，其中椰壳耐腐蚀，能够提供有机质，可以维持 30 年以上。经过分析筛选，并结合济南当地实际情况，考虑从下列材料中选取部分材料组成人工复合土作为种植基质，分别为当地田园土、草炭、珍珠岩、椰壳、松针土。首先对各组分基本性能进行测定，之后再计算配合比。

3.3.1 各组分性能测定

1）堆积密度

使用电子天平（图 3-11）及固定体积容器测定各材料的堆积密度，也就是自然堆积状态下材料单位体积的质量。田园土取材于济南当地土，其余材料由当地

批发市场采购。这里测定干堆积密度以及充分吸水后的湿堆积密度，结果如表 3-3
所示。

表 3-3　各材料的堆积密度　　　　　　　（单位：g/cm³）

堆积密度	草炭	珍珠岩	椰壳	松针土	田园土
干堆积密度	0.483	0.086	0.137	0.144	1.228
湿堆积密度	0.896	0.379	0.418	0.229	1.619

图 3-11　电子天平、当地取土图

2）饱和含水率

采用 LT-CG-S/D-108-3M5500-00 型号土壤温度、土壤水分集成式无线传感器，
测定饱和情况下各个材料的饱和体积含水率（图 3-12），其结果如表 3-4 所示。

表 3-4　各材料的饱和含水率　　　　　　　（单位：%）

	草炭	珍珠岩	椰壳	松针土	田园土
饱和含水率	47.2	14.5	20.5	8.6	43

3）饱和水力传导度

为反映各材料的渗透特性，需要测定材料的水力传导度。达西（Darcy）通过

图 3-12　土壤湿度传感器及接收系统

对饱和砂层的渗透试验，得出渗透水的通量 q，也就是单位时间内通过单位断面面积土壤的水量和水力梯度成正比，也就是达西定律：

$$q = K_s \frac{\Delta H}{L} \tag{3-1}$$

式中，L 为渗流路径的直线长度；ΔH 为渗流路径始末断面的总水头差，$\frac{\Delta H}{L}$ 则表示相应的水力梯度；K_s 是反映孔隙介质透水性能的综合比例系数，即单位梯度下的渗流通量或者渗流速度，单位与速度单位相同，称作饱和水力传导度或者渗透系数。当渗流介质不饱和时，则称为非饱和导水率或者水力传导度。因为水力传导度受到土壤水势和土壤水分含量的影响，随着土壤变干，空气进入之前土壤水分流动的空间，使得土壤颗粒间容许水流的通道变窄，从而使渗透量减小，即水力传导度降低。所以，这里为了方便比较和尽量模拟绿色屋顶在降雨过后种植基质饱和下渗的情况，选取各个材料的饱和水力传导度进行比较分析。选用 Mini Disk Infiltrometer 便携式渗流计（图 3-13）测定饱和介质材料的水力传导度来近似饱和水力传导度 K_s。

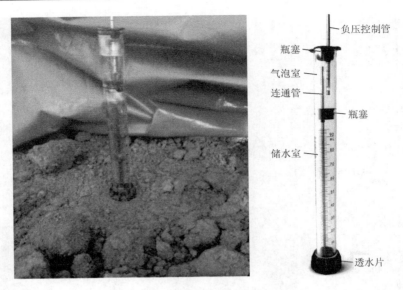

图 3-13　便携式渗流计

Mini Disk Infiltrometer 结构上分为上部分的气泡室和下部分的入渗室以及底部的多孔底盘。上部的气泡室可以通过调节虹吸管和水位的相对位置来控制下渗时的虹吸力，当水分处在张力或者虹吸力作用下时不会进入裂缝或者虫穴等大孔隙，只进入土壤水力梯度所控制的部分，从而更加准确。当所有孔隙都被水分填充满时，所测得的也就是饱和水力传导度。大孔隙中的水流在各处会有很大的差异，所以很难确定其量。处在张力作用下的水分不会填充到大孔隙中，测得土壤基质的导水率特性，而且受空间异质性的影响小。下部的入渗室侧面标有刻度，类似于量筒，方便入渗时读取累计入渗量。底部的多孔底盘使用时紧贴土壤水平放置，保证水分的平稳入渗。

Mini Disk Infiltrometer 是便携性的野外测量工具，一方面仪器体积小，同时下渗所需的水量也少，一般情况下一只个人水杯的储水量就能满足野外测量的需要，因此便携易使用，应用广泛。而且，也可以观察到下渗过程，直观地感受水力传导度的基本原理。

Mini Disk Infiltrometer 便携式渗流计的计算原理是由 Zhang（1997）提出的累计入渗量关于入渗时间开根号后的二次函数形式，其形式如下：

$$I = C_1 \times t + C_2 \times \sqrt{t} \tag{3-2}$$

式中，I 表示累计入渗量；C_1（m/s）和 C_2（m/s$^{1/2}$）均为参数；C_1 与水力传导度有关；C_2 与土壤的吸渗率有关，具体关系为

$$K(h_0) = C_1 / A \tag{3-3}$$

$$S(h_0) = C_2 / B \tag{3-4}$$

式中，K 表示水力传导度；S 表示吸渗率；h_0 为渗流计工作时的吸力值；A 和 B 为无量纲系数。

实际计算时，C_1 可以通过对累计入渗量 I 和 $\sqrt{t}$ 曲线的拟合得出；而参数 A 则与土壤介质种类有关，Zhang（1997）根据三维形式的 Richards 方程和 van Genuchten（1980）公式联立求解。

三维形式的 Richards 方程：

$$\frac{\partial \theta}{\partial t} = \frac{1}{r}\frac{\partial}{\partial r}\left[rK(h)\frac{\partial h}{\partial r}\right] + \frac{\partial}{\partial z}\left[K(h)\frac{\partial h}{\partial z}\right] - \frac{\partial K(h)}{\partial z} \tag{3-5}$$

式中，θ 表示体积含水量；h 表示压力水头；z 表示深度；r 表示径向坐标；$K(h)$ 为不饱和状态下的水力传导度方程。

van Genuchten 公式：

$$S_e(h) = \frac{\theta - \theta_r}{\theta_s - \theta_r} = [1 + |\alpha h|^n]^{-m} \tag{3-6}$$

$$m = 1 - \frac{1}{n} \quad n > 1 \tag{3-7}$$

$$K(h) = K_s S_e^{1/2}[1 - (1 - S_e^{1/m})^m]^2 \tag{3-8}$$

式中，θ_r 表示残余含水量；θ_s 表示饱和含水量；n 和 α 为反映 $S_e(h)$ 和 $K(h)$ 函数曲线形状的参数；K_s 表示饱和水力传导度。求解之后得到 A 的表达式如下：

$$A = \frac{11.65(n^{0.1}-1)\exp[2.92(n-1.9)\alpha h_0]}{(\alpha r_0)^{0.91}} \quad n \geqslant 1.9 \tag{3-9}$$

$$A = \frac{11.65(n^{0.1}-1)\exp[7.5(n-1.9)\alpha h_0]}{(\alpha r_0)^{0.91}} \quad n < 1.9 \tag{3-10}$$

式中，n 和 α 为土壤 van Genuchten 公式（3-6）中的参数；r_0 是渗流计的底座半径，本次所选用的型号底座半径为 2.25cm；h_0 表示底座表面处的吸力。

本次试验中，参考国外文献，调整上部气泡室水量至刚好–2cm 的虹吸力，再按照此吸力值进行入渗实验。关于 n 和 α 的取值以及 A 的计算，参考 Carsel 和 Parrish（1988）的文献资料取值，如表 3-5 所示。

表 3-5　各虹吸力下各种土壤 n 和 α 的取值以及 A 的计算

土壤种类	α	n	−0.5	−1	−2	−3	−4	−5	−6	−7
						A				
砂土	0.145	2.68	3.34	3.34	3.34	3.34	3.34	3.34	3.34	3.34
壤质砂土	0.124	2.28	3.20	3.20	3.20	3.20	3.20	3.20	3.20	3.20
砂质壤土	0.075	1.89	3.87	3.87	3.87	3.87	3.87	3.87	3.87	3.87
壤土	0.036	1.56	5.22	5.22	5.22	5.22	5.22	5.22	5.22	5.22
粉砂	0.016	1.37	7.67	7.67	7.67	7.67	7.67	7.67	7.67	7.67
粉质壤土	0.02	1.41	6.85	6.85	6.85	6.85	6.85	6.85	6.85	6.85
砂质黏壤土	0.059	1.48	2.93	2.93	2.93	2.93	2.93	2.93	2.93	2.93
黏壤土	0.019	1.31	5.62	5.62	5.62	5.62	5.62	5.62	5.62	5.62
粉砂质黏壤土	0.01	1.23	7.70	7.70	7.70	7.70	7.70	7.70	7.70	7.70
砂质黏土	0.027	1.23	3.12	3.12	3.12	3.12	3.12	3.12	3.12	3.12
粉质黏土	0.005	1.09	5.98	5.98	5.98	5.98	5.98	5.98	5.98	5.98
黏土	0.008	1.09	3.90	3.90	3.90	3.90	3.90	3.90	3.90	3.90

以济南当地田园土为例，采用 Mini Disk Infiltrometer 对 K_s 进行测定（图 3-14）。首先记录实验开始时下渗室内的水量，零点时将渗透计安放在土壤表面，确保接触良好，同时开始记录时间和入渗量。时间间隔根据设置的虹吸力以及土壤种类确定。粉砂壤土一般为 30s，黏土时间间隔更长。

济南当地田园土实验数据如表 3-6 所示，表中第一列为时间，第二列为 $\sqrt{t}$，第三列为入渗室的刻度值，第四列为根据底部横截面积换算后的累计入渗深度 I。

图 3-14　各材料下渗数据测定

表 3-6　济南当地土下渗数据

时间/s	$\sqrt{t}$	量/mL	累计入渗深度/cm
0	0.00	90	0.00
30	5.48	87	0.19
60	7.75	84	0.38
90	9.49	81	0.57
120	10.95	77	0.82
150	12.25	74	1.01
180	13.42	71	1.19
210	14.49	67	1.45
240	15.49	64	1.63
270	16.43	61	1.82
300	17.32	57	2.07
330	18.17	54	2.26
360	18.97	50	2.52
390	19.75	47	2.70
420	20.49	43	2.96
450	21.21	40	3.14

点绘 I-$\sqrt{t}$ 散点图，并采用 $I = C_1 \times t + C_2 \times \sqrt{t}$ 的形式进行拟合，整理后绘制拟合曲线，如图 3-15 所示。

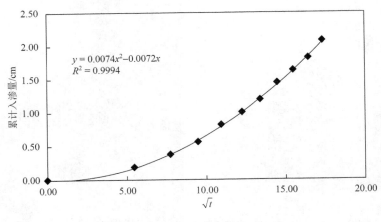

图 3-15　I-$\sqrt{t}$ 拟合曲线图

从而得到 $C_1 = 0.0074\text{cm/s}$，根据多次重复试验情况以及当地土壤特性，选择砂质壤土对应的土壤参数查表得到 $A = 3.87$，从而计算得到当地田园土的 $K_s = 0.001\,89\text{cm/s}$。同理可得其他介质材料的 K_s，具体值如表 3-7 所示。

表 3-7　各材料 K_s 值（粗略）　　　　　　　　（单位：cm/s）

	草炭	珍珠岩	椰壳	松针土	田园土
K_s	0.002 54	0.003 18	0.022 41	0.005 82	0.001 89

Zhang（1997）提出的关于累计入渗量的计算方法在形式上类似于 Philip（1957）提出的入渗公式。Philip 公式是根据垂直入渗的级数解获得的，累计入渗量 $I(t)$ 可以表示为

$$I(t) = \int_{\theta_i}^{\theta_0} z(\theta,t)\mathrm{d}\theta + K(\theta_i)t \qquad (3\text{-}11)$$

Philip 取 $z(\theta,t)$ 的级数形式

$$z(\theta,t) = \eta_1(\theta)t^{1/2} + \eta_2(\theta)t^{2/2} + \eta_3(\theta)t^{3/2} + \eta_4(\theta)t^{4/2} + \cdots \qquad (3\text{-}12)$$

代入 $I(t)$ 公式，并且取级数解中的前两项，得到

$$I(t) = \int_{\theta_i}^{\theta_0} [\eta_1(\theta)t^{1/2} + \eta_2(\theta)t]\mathrm{d}\theta + K(\theta_i)t \tag{3-13}$$

也可以写成如下形式：

$$I(t) = S \times t^{1/2} + A \times t \tag{3-14}$$

式中，S 和 A 为系数。该式与 Zhang（1997）提出的公式 $I = C_1 \times t + C_2 \times \sqrt{t}$ 形式相同。

接着将 Philip 公式对 t 求导之后得到入渗率 $i(t)$ 为

$$i(t) = \frac{1}{2}S \times t^{-1/2} + A \tag{3-15}$$

从上式可以看出，当 t 逐渐增大时，入渗率 i 趋近于 A，也就是 Zhang（1997）提出的公式中的参数 C_1。按照此公式，对比分析两者结果，如表 3-8 所示。

表 3-8　两种方法推算 K_s 对比　　　　（单位：cm/s）

方法	草炭	珍珠岩	椰壳	松针土	田园土
Zhang-K_s	0.002 54	0.003 18	0.022 41	0.005 82	0.001 89
Philip-K_s	0.0169	0.0053	0.0434	0.0096	0.0073

由表 3-8 可以看出，除了草炭外，两种方法得到的其他材料的饱和水力传导度均在一个量级上，部分材料的数值十分相近，由此可见，采用 Philip 公式对入渗数据进行简单的拟合后就可以得到大致反映材料入渗性能的参数值。此外，由 Philip 公式推求的饱和水力传导度大于 Zhang（1997）方法得出的数值，究其原因，大致可以从两个方法的基本假设上得出：Philip 公式是表层接近饱和含水率分布均匀的均质土壤一维垂直下渗得到的；Zhang（1997）所提出的公式是根据三维形式的 Richards 方程推导得出的；两者基本假设不同，当利用 Mini Disk Infiltrometer 的入渗数据求解时，Philip 公式将入渗量当作一维入渗情况，Zhang（1997）将入渗量当作三维入渗情况，所以 Philip 公式的入渗量偏大，得出的饱和水力传导度值也偏大。两种方法的具体关系以及 Philip 公式对实测数据的计算优化，需要根据实验进一步分析研究。

3.3.2 最优配比计算

根据之前求出的各材料性质参数，针对不同的目标要求，计算出人工复合土的最优配比。这里的计算目标分别为最经济、饱和堆积密度最小和综合下渗率最大。

由于需要考虑成本的影响，所以分别统计各材料的价格。这里为了便于后续步骤的分析讨论，将价格转换为各个材料每平方米铺设 10cm 厚度时的价格。其结果如表 3-9 所示。

表 3-9　每平方米铺设 10cm 厚时各材料价格　　　（单位：元）

	草炭	珍珠岩	椰壳	松针土	田园土
价格	80.0	53.3	65.8	89.28	5.0

注：以上价格均由当地实际采购价格折算得出。

假设人工复合土中田园土、草炭、珍珠岩、椰壳、松针土的体积分数分别为 V_1、V_2、V_3、V_4、V_5，则不同目标对应的关系式分别如下所述。

（1）价格。利用上一节列出的每种材料每平方米铺设 10cm 的价格列出关系式

$$Price = 5V_1 + 80V_2 + 53.3V_3 + 65.8V_4 + 89.28V_5$$

（2）饱和堆积密度。根据各材料的密度加权计算，忽略各种基质材料混合后由于材料之间填补孔隙导致的体积减小，公式如下：

$$\rho = 1.619V_1 + 0.896V_2 + 0.379V_3 + 0.418V_4 + 0.229V_5$$

（3）综合下渗率。这里根据各组分的饱和水力传导度简单加权计算综合下渗率

$$K_s = 0.00189V_1 + 0.00254V_2 + 0.00318V_3 + 0.02241V_4 + 0.00582V_5$$

（4）饱和含水率。根据各组分饱和含水率计算复合土饱和含水率

$$V = 0.43V_1 + 0.472V_2 + 0.145V_3 + 0.205V_4 + 0.086V_5$$

（5）根据组分关系假设，各组分之间关系为

$$V_1 + V_2 + V_3 + V_4 + V_5 = 1$$

考虑对于总体价格的限制，假定人工复合土每平方米铺设 10cm 厚度所需价格在 35 元以下；根据之前统计的各地方标准对于湿表观密度的规定，限制总的饱和堆积密度在 1.0g/cm³ 以下；同时需要保证土壤的渗透性，用以保证面对高强度暴雨时复合土层对于雨水的蓄滞作用，同时不会导致绿化面积水严重，济南 "7.18" 特大暴雨事件中心城区 1h 最大降雨量为 151mm，2h 最大降雨量为 167.5mm，综合考虑之后选取 100mm/h 的雨强，假设复合土渗透性大于 100mm/h，即 0.002 78cm/s。根据这些假设，分别计算各目标下的最优配合比。

1）价格最低

目标函数

$$\min \ \text{Price} = 5V_1 + 80V_2 + 53.3V_3 + 65.8V_4 + 89.28V_5$$

约束条件

$$1.619V_1 + 0.896V_2 + 0.379V_3 + 0.418V_4 + 0.229V_5 \leqslant 1$$

$$0.00189V_1 + 0.00254V_2 + 0.00318V_3 + 0.02241V_4 + 0.00582V_5 \geqslant 0.00278$$

$$V_1 + V_2 + V_3 + V_4 + V_5 = 1$$

解得 $V_1 = 0.5$，$V_2 = 0$，$V_3 = 0.48$，$V_4 = 0.02$，$V_5 = 0$，即田园土：珍珠岩 ≈ 1：1。

2）饱和堆积密度最小

目标函数

$$\min \ \ \rho = 1.619V_1 + 0.896V_2 + 0.379V_3 + 0.418V_4 + 0.229V_5$$

约束条件

$$5V_1 + 80V_2 + 53.3V_3 + 65.8V_4 + 89.28V_5 \leqslant 35$$

$$0.00189V_1 + 0.00254V_2 + 0.00318V_3 + 0.02241V_4 + 0.00582V_5 \geqslant 0.00278$$

$$V_1 + V_2 + V_3 + V_4 + V_5 = 1$$

解得 $V_1 = 0.42$，$V_2 = 0$，$V_3 = 0.57$，$V_4 = 0.01$，$V_5 = 0$，即田园土：珍珠岩 ≈ 2：3。

3）综合下渗率最大

目标函数

$$\max \quad K_s = 0.00189V_1 + 0.00254V_2 + 0.00318V_3 + 0.02241V_4 + 0.00582V_5$$

约束条件

$$1.619V_1 + 0.896V_2 + 0.379V_3 + 0.418V_4 + 0.229V_5 \leqslant 1$$

$$5V_1 + 80V_2 + 53.3V_3 + 65.8V_4 + 89.28V_5 \leqslant 35$$

$$V_1 + V_2 + V_3 + V_4 + V_5 = 1$$

解得 $V_1 = 0.49$，$V_2 = 0$，$V_3 = 0.23$，$V_4 = 0.28$，$V_5 = 0$，即田园土：珍珠岩：椰壳 ≈ 2：1：1。

4）饱和含水量最大

目标函数

$$\max \quad V = 0.43V_1 + 0.472V_2 + 0.145V_3 + 0.205V_4 + 0.086V_5$$

约束条件

$$0.00189V_1 + 0.00254V_2 + 0.00318V_3 + 0.02241V_4 + 0.00582V_5 \geqslant 0.00278$$

$$1.619V_1 + 0.896V_2 + 0.379V_3 + 0.418V_4 + 0.229V_5 \leqslant 1$$

$$5V_1 + 80V_2 + 53.3V_3 + 65.8V_4 + 89.28V_5 \leqslant 35$$

$$V_1 + V_2 + V_3 + V_4 + V_5 = 1$$

解得 $V_1 = 0.49$，$V_2 = 0$，$V_3 = 0.23$，$V_4 = 0.28$，$V_5 = 0$，即田园土：珍珠岩：椰壳 ≈ 2：1：1。

为了方便对比，结合目前绿化种植普遍使用的组分以及分组多样性的目的，引入配比：$V_1 = 0.4$，$V_2 = 0$，$V_3 = 0.4$，$V_4 = 0$，$V_5 = 0.2$，即田园土：珍珠岩：松针土 = 2：2：1。

对于第一、第二两种配比，由于珍珠岩不提供绿化植物所需的有机质，而草炭可以提供有机质并且有很好的持水能力，所以配比修改为田园土：珍珠岩：草炭 = 2：2：1。综上得出三种配比结果，分别为：

（1）田园土：珍珠岩：椰壳 = 2：1：1；

（2）田园土：珍珠岩：草炭 = 2：2：1；

（3）田园土：珍珠岩：松针土 = 2：2：1。

下一步测定土壤的吸水持水能力，确定最终的最优化配比。

3.3.3　配比选定

针对之前选定的三组配比，分别配制土样进行试验，综合考虑渗透性、佛甲草的适应性以及土壤持水释水特性等方面，选取最终配比，其实物图如图 3-16～图 3-18 所示。

图 3-16　土样 1（田园土：珍珠岩：椰壳 = 2：1：1）

图 3-17　土样 2（田园土：珍珠岩：草炭 = 2：2：1）

图 3-18　土样 3（田园土：珍珠岩：松针土 = 2：2：1）

然后，分别将土样逐层装入土柱仪中并且逐层压实，土柱仪高 50cm，直径为 40cm，分别装填 30cm 厚的土样进行试验，如图 3-19 所示。

图 3-19　人工复合土装入土柱仪

1）渗透性

对土柱仪中的三组土样充分浇水直至饱和，然后同时过量浇水使得表层积水 5cm，观察土柱仪底部渗透水量（图 3-20）。三种土样饱和情况下同一时段内的渗透水量比例为 2：0.5：4，渗透系数比也近似为 2：0.5：4。一小时之后观察到土样 1 和土样 3 表面已无积水，而土样 2 表层仍有积水。由此可见渗透性方面土样 1 和土样 3 符合要求，土样 2 渗透性较差，究其原因应该是草炭质地细腻、黏性较强，很好地填补了组分中田园土与珍珠岩的孔隙，使得渗透性显著降低，所以必须控制草炭的配比。

图 3-20　土柱仪下渗实验

2）佛甲草适应性

为了有利于佛甲草的生长，种植基质应当土质疏松、富含有机质并且不易被雨水冲刷流失。三种土样中，珍珠岩和椰壳虽然能够维持土质疏松，但并不能很好地提供有机质，同时珍珠岩因为密度较低极易被雨水冲刷流失，所以需要椰壳进行配比覆盖以保证结构稳定。按照这一标准，土样 2 和土样 3 有机质含量较高，适合植被生长，但是珍珠岩含量也较高，导致珍珠岩漂浮在表层积水上随雨水流失，结构稳定性差。土样 1 结构疏松，因为椰壳的存在珍珠岩不易被冲刷，缺点是有机质含量较低。因此综合考虑上述情况，通过在土样 1 中适量添加有机质组分可以弥补，有机质主要有松针土和草炭，由于松针土价格昂贵，所以可以选择草炭进行补充。

3.3.4　配比后实物

综合考虑渗透性、佛甲草的适应性以及土壤持水特性等方面的因素，配比 1 兼顾渗透性以及持水特征需要，唯一不足的是有机质含量较低，所以在配比 1 的基础上加入适量有机质草炭，得到最终的土壤配比为田园土：珍珠岩：椰壳：草炭 = 2：1：1：0.5。测得其饱和密度为 0.98g/cm^3，每平方米铺设 10cm 厚时价格为 37 元，铺设 10cm 厚度土层的绿色屋顶结构成本为 130 元左右（不含人工费），

20cm 土层的绿色屋顶整体结构饱和状态下荷载为 $211kg/m^2$,符合绝大多数屋顶的荷载要求。图 3-21 是配比好的绿色屋顶实物图。

图 3-21　绿色屋顶实物图

参 考 文 献

胡小京,丁圣果,吴小波,2012. 干旱胁迫下不同基质对佛甲草生理生化的影响[J]. 中国农学通报,28(34):234-237.

刘明欣,代色平,周天阳,等,2017. 湿热地区简单式屋顶绿化的截流雨水效应[J]. 应用生态学报,28(2):620-626.

温广月,沈国辉,钱振官,等,2011. 佛甲草生物学特性研究[C]//2011 中国海南·世界屋顶绿化大会暨 2011 博鳌立体绿化建筑节能论坛.

张寅媛,刘英,白龙,2014. 干旱胁迫对 4 种景天科植物生理生化指标的影响[J]. 草业科学,31 (4):724-731.

Carsel R F,Parrish R S,1988. Developing joint probability distributions of soil water retention characteristics[J]. Water Resources Research,24 (5):755-769.

Philip J R,1957. The theory of infiltration:1. The infiltration equation and its solution[J]. Soil science,83 (5):345-358.

van Genuchten M T,1980. A closed-form equation for predicting the hydraulic conductivity of unsaturated soils[J]. Soil Science Society of America Journal,44 (5):892-898.

Zhang R,1997. Determination of soil sorptivity and hydraulic conductivity from the disk infiltrometer[J]. Soil Science Society of America Journal,61 (4):1024-1030.

4

第4章　轻型透水性绿色屋顶蓄滞效应分析

　　本章结合实际实验数据对轻型透水性绿色屋顶的蓄滞效应进行分析。土槽 1 至土槽 4 分别代表铺设佛甲草草皮、10cm 土、20cm 土以及 30cm 土的实验绿色屋顶结构。实验中土槽 1 为对照组，种植基质及植被层采用目前常用的佛甲草草皮代替，用以模拟本研究中提出的分层结构、但采用草皮的简式绿色屋顶在降雨情况下的效果。土槽 2、土槽 3 和土槽 4 则模拟具有种植基质的轻型屋顶的情况，分别设置 10cm、20cm 以及 30cm 的人工复合土对比不同基质深度下的降雨蓄滞能力。降雨设计上采用济南市市政工程设计研究院 2004 年修订的济南市暴雨公式，针对济南降雨少、降雨集中且雨量大的特点，分别计算 2 年、5 年、10 年、20 年和 50 年的设计暴雨雨强，分别为 48.99mm/h、61.01mm/h、70.10mm/h、79.20mm/h 以及 91.22mm/h，结合芝加哥雨型设计出对应的降雨历时为 1h 的五场降雨。之后，采用济南市水文局人工模拟降雨系统及室外降雨大厅进行人工降雨，采用均匀布置的两个 HOBO 雨量计实时记录累计降雨量，每隔 5min 统计四个土槽的出流情况、土壤温湿度情况。

　　实际操作中，人工降雨一共为期 26 天，降雨为 2016 年 10 月 16 日至 2016 年 11 月 10 日。保证每场设计降雨都能重复两次以上，以确保试验数据的可靠性，同时，降雨时长以及降雨量没有按照预期实施的场次也记录在内，为后续屋顶蓄滞性能分析及讨论提供数据支持。整个降雨期分为三个阶段，阶段一为干旱降雨阶段，整个绿色屋顶系统刚刚装备进入土槽时将人工复合土充分晒干，模拟济南长期干旱之后绿色屋顶对于降雨的响应情况；阶段二为连续降雨阶段，控制 1d

或 2d 一次实施人工降雨，模拟济南夏季集中、高强度降雨条件下绿色屋顶的响应情况；阶段三为坡度降雨阶段，因为济南市部分屋顶为倾斜屋顶，绿色屋顶结构安装之后整个系统也处于倾斜、有坡度的状态，所以调整土槽坡度为 15°，研究在斜坡屋顶上绿色屋顶结构的表现情况。

4.1　蓄滞降雨量分析

4.1.1　蓄滞水量

降雨实验为期 26 天，时间从 2016 年 10 月 16 日至 2016 年 11 月 10 日，总场次为 17 次，每场降雨历时均为 1h，基本接近于设计雨量及设计雨型。降雨场次统计如表 4-1 所示。

表 4-1　降雨场次分类统计

	30~40mm	40~50mm	50~60mm	60~70mm	70~80mm	80mm +
场次	1	3	3	4	4	2

其中，根据暴雨公式与芝加哥雨型得出的五场设计降雨均重复两次以上，确保实验数据的可靠性。降雨量则采用均匀布置在场地内的两个 HOBO 雨量计观测值的平均值作为统计时的降雨量。

为保证分析数据的可靠性，选取两个雨量计读数接近的降雨场次，避免室外降雨大厅由于风或水泵压力不均匀等因素导致的降雨不均匀带来的结果不可靠的问题；同时，为了保证分析条件的统一性，选取土槽水平放置时连续降雨条件下的降雨出流数据（包括表面径流和底部出流量）作为分析数据，综合考虑后选取 10 次降雨数据进行分析。为方便比较，将出流量按照土槽底部 1m×1.5m 的尺寸换算成以 mm 为单位。具体数据如表 4-2 所示。

表 4-2 　 降雨及各土槽出流量 　 　 （单位：mm）

降雨量	总径流量			
	土槽 1（草皮）	土槽 2（10cm 土）	土槽 3（20cm 土）	土槽 4（30cm 土）
56.40	52.00	38.50	32.40	25.40
64.00	62.00	53.18	44.30	34.90
60.80	59.80	54.40	46.20	31.80
58.60	54.40	46.70	34.20	26.30
71.60	67.80	62.80	53.20	38.90
76.00	74.00	63.00	56.00	45.00
73.80	71.40	61.60	52.30	36.30
50.40	45.00	43.70	35.20	30.90
37.60	36.00	31.00	25.90	19.10
101.0	82.80	72.00	67.30	47.60

将降雨量按照 30～50mm、50～60mm、70～80mm 和 80mm 以上分类，分区统计总降雨量、总蓄水量，并且计算蓄水量占总降雨量比例，绘制柱状图如图 4-1 所示。

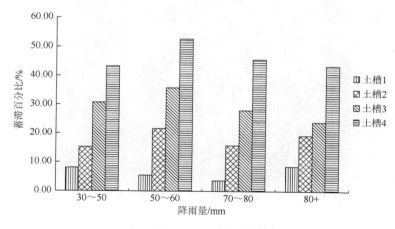

图 4-1 　 各分组降雨下土槽蓄滞水量统计

从图中可以看出，土槽 1 作为对照组，其蓄水量为四个土槽中最低，其百分比为 3.57%～8.51%；四组降雨强度下土槽对降雨的蓄滞能力，即蓄滞百分比，随着土壤厚度增加而递增；而土槽 4 作为土层最厚的一组，其蓄水量为四个组中最高的，为 43.18%～52.50%，这与直观感受相同，土壤越厚，对于雨水的蓄滞能力就越强。

整体上看，土槽 2、土槽 3 和土槽 4 在面对 50～60mm 降雨时其蓄水能力出现陡增的情况，低于或者高于这一降雨量时蓄滞水量的百分比都会下降。究其原因，一方面在这一降雨量下绿色屋顶的蓄滞能力能够得到充分的发挥；另一方面是在这一降雨量下，经过基质层下渗的降雨量超过了凹凸排水板的蓄排水能力，排水板处积压的下渗雨水会从顶部出水口溢流（图 4-2），从而被下部的保湿垫吸收，相当于提供了额外的蓄水能力。所以对于土槽 2、3、4 而言，当降雨量从 30～50mm 上升至 50～60mm 时，蓄水能力陡增，而超过这个降雨量节点后，由于绿色屋顶系统已经达到最大的蓄滞能力，蓄水量不会大幅增加，所以换算到百分比后下降，正如图 4-1 所示，除了土槽 2 以外，土槽 3、4 的蓄水量百分比在超过 50～60mm 范围后随着降雨的增加而减小。

图 4-2 凹凸蓄排水板蓄水后状态

对于土槽 1，除了 80mm＋降雨分组以外，其蓄水量百分比随着降雨量的增加一直减小，并没有出现在 50～60mm 分组内的陡增情况。这主要是因为土槽 1 为简单草皮，并没有土层来提供基本的蓄水能力，前文所述的保湿垫所提供的额外蓄水能力在一开始 30～50mm 降雨量下已被当作基本蓄水能力而使用，所以不会再出现蓄水能力陡增的情况。而对于 80mm＋分组内土槽 1 和土槽 2 蓄水能力陡增的情况，应该是由于这一降雨量及雨强已经接近实验降雨大厅的极限降雨能力而导致的降雨不均匀，并且因为这两组土槽的蓄水能力小、出流量大，翻斗式径流仪测量时的误差也会相应增大，导致漏水等情况出现，实测出流量减小，即蓄水量增大。

4.1.2 降雨径流关系

为方便对轻型透水性绿色屋顶结构的蓄滞能力进行计算，本节对实测降雨径流数据进行拟合，同时研究蓄滞能力与土壤深度的关系。目前国内外对于绿色屋顶径流控制能力的研究不多，绿色屋顶降雨径流拟合很少，常采用的方法主要有 Carson 等（2013）采用的 CREs 法，即用二次函数拟合降雨径流关系，以及美国环境保护署（EPA）采用的 CN 曲线法。一般流域降雨径流关系可以用芮孝芳（2013）提出的降雨径流相关图（图 4-3）表示，从图中可以看出在降雨量较低时降雨径

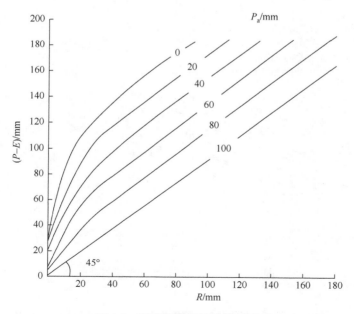

图 4-3　某流域降雨径流关系图

流关系呈曲线形式，达到饱和后为一簇平行于 $y = x$ 函数的线，同时曲线受到前期影响雨量（P_a）或前期土壤含水量的影响。本节采用等间隔 1d 左右的 10 场连续降雨数据，避免前期土壤含水量的影响，可以得出连续降雨条件下绿色屋顶的降雨径流关系；同时，采用幂函数来拟合降雨径流关系曲线，并与采用 CN 曲线法得到的结果进行对比。

用幂函数对四个土槽的降雨径流数据进行拟合，结果如图 4-4 所示。在相同的降雨条件下，土槽 1 至土槽 4 的径流量逐渐减小。土槽 1 至土槽 4 的 R^2 分别为 0.9827、0.9144、0.9051 和 0.8656，拟合效果较好。同时，土槽 1 至土槽 4 的 R^2 数值逐渐降低，主要是由于随着绿色屋顶中土壤厚度的增加，对降雨的蓄滞效果波动性增加，径流量波动较大导致拟合程度逐渐减小。拟合曲线中，土槽 1 与土槽 2 幂函数指数分别为 1.0049 和 1.0051，接近于 1，曲线接近于线性关系；而土槽 3 和土槽 4 幂函数指数分别为 1.1407 和 1.0444，曲线相对而言较为弯曲。类比流域降雨径流关系曲线图，可以理解为土壤厚度增加时前期土壤含水量影响较为明显，需要填补土壤蓄水能力的空缺之后降雨径流才能呈线性关系。

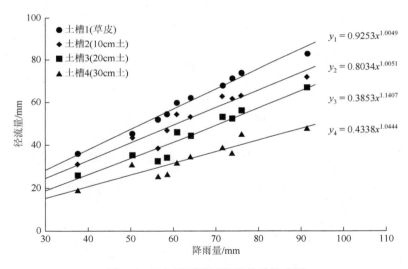

图 4-4　绿色屋顶降雨径流关系拟合图

然后，采用 CN 曲线法对降雨径流数据进行拟合。CN 法主要由下面两个关系式根据降雨来预测径流（NRCS，1986）。

$$Q = \frac{(P - I_a)^2}{P - I_a + S} \qquad (4\text{-}1)$$

$$S = \frac{1000}{\text{CN}} - 10 \qquad (4\text{-}2)$$

式（4-2）换算成以 mm 为单位后

$$S = \frac{25\,400}{\text{CN}} - 254 \qquad (4\text{-}3)$$

式中，Q 为径流量，单位为 mm；P 为降雨量，单位为 mm；S 为径流开始后的潜在蓄滞量，单位为 mm；I_a 为初损值；CN 为无量纲系数。初损值根据经验一般采用下式计算：

$$I_a = 0.2 \times S \qquad (4\text{-}4)$$

将其代入式（4-1）后得到

$$Q = \frac{(P - 0.2S)^2}{P + 0.8S} \qquad (4\text{-}5)$$

根据式（4-3）和式（4-5）即可通过降雨计算径流量值。CN 取值与当地土壤类型、植被种类、水文条件、前期降雨等情况有关，一般可以查表或者查询当地推荐值。采用 MATLAB 针对四种土壤厚度拟合各自最适合的 CN 值，土槽 1 至土槽 4 的 CN 值逐渐减小，分别为 98.8、95.83、92.38、86.32。这与 NRCS（1986）手册中对于 CN 的分类规律一致，即随着 CN 值的增加，研究区域的蓄滞能力降低。幂函数和 CN 法拟合之后的 R^2 如表 4-3 所示，可以看出除了土槽 3（土层厚度为 20cm 的绿色屋顶）外，CN 法的拟合程度均低于幂函数，其中土槽 4 尤为明显。对于土槽 1，幂函数和 CN 法的平均相对误差为 2.60% 和 2.74%；土槽 2 分别为 4.10% 和 5.58%；土槽 3 分别为 4.35% 和 5.43%；土槽 4 分别为 3.92% 和 6.60%，可以看出，不管实验土槽中基质层厚度如何，CN 法的预测误差均超过幂函数。

表 4-3　幂函数和 CN 法 R^2 对比

方法	土槽 1（草皮）	土槽 2（10cm 土）	土槽 3（20cm 土）	土槽 4（30cm 土）
幂函数	0.9827	0.9144	0.9051	0.8656
CN 法	0.9745	0.8829	0.9136	0.6580

　　分别采用幂函数法和 CN 曲线法计算径流量值，并与实测值相减得到差值，结果如图 4-5 所示。

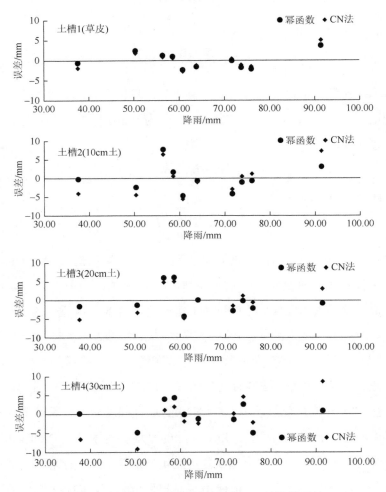

图 4-5　土槽 1 至土槽 4 幂函数与 CN 法计算误差

　　由图 4-5 可以看出，总体上随着土层厚度的增加，幂函数与 CN 法对于径流的拟合误差增加；当降雨量较小时，CN 法计算出的径流量相比于幂函数拟合值偏小；当降雨量较大时，CN 法计算出的径流量比幂函数拟合值偏大；当降雨量在 55mm 左右时，两种方法拟合的误差最小，都接近于实际测量值。

　　总体而言，本书所使用的幂函数法对于降雨径流关系模拟精度较高，在降雨量高和低时均有良好的表现，并且计算简单便于推广，可以粗略计算土壤蓄水量，为下一步考虑土壤水量平衡的计算提供基础；CN 法虽然拟合精度相对较低，但由于 CN 法被应用于 SWMM 等模型的下渗产流模块中，所以便于轻型透水性屋顶在数值模拟时的参数取值。

本节对于降雨径流关系的模拟也存在不足：一方面，用于拟合的实测数据为间隔为 1~2d 的连续降雨数据，并不能模拟长期干旱后遇到降雨的情况；另一方面，本节采用的实测数据只能近似模拟同一种前期土壤含水量情况下绿色屋顶的蓄滞能力，不能考虑不同土壤含水量下的蓄滞情况；此外，拟合所选取参数较为简单，考虑因素较少，并未考虑到温度、湿度、风速等条件对绿色屋顶蓄滞能力的影响。

本节中径流量均考虑了实测数据中的地表径流，而由于绿色屋顶中的人工复合土渗透性较大，实际测量的地表径流数据并没有特别大的起伏，土槽 2 为 300mL 左右，土槽 3 为 600mL 左右，土槽 4 为 1000mL 左右，这与下渗之后几万毫升的径流量相比很小，所以在之后分析降雨径流过程中绘制的过程线并没有将地表径流考虑在内。

4.2　前期土壤含水量影响分析

前期土壤含水量是水文模型中的重要变量，前期土壤含水量的变化直接影响流域产汇流特性，比如产流时间、径流量以及径流过程等，因此本节类比流域产汇流特性，研究土壤含水量对绿色屋顶蓄滞能力以及产流条件的影响。选用 2016 年 10 月 21 日以及 2016 年 11 月 5 日的两场降雨出流数据进行对比分析，其中 10 月 21 日为绿色屋顶系统充分晒干后的降雨过程，11 月 5 日为连续降雨阶段中的一场降雨，距离上一场降雨的时间间隔为 26h。10 月 21 日降雨前，四个土槽的前期土壤含水量均为 0.1%，以此来模拟绿色屋顶在济南等北方半干旱区长期干旱之后的表现情况；11 月 5 日降雨前，土槽 2 至土槽 4 的前期土壤含水量分别为 9.9%、12.2% 和 14.5%，因为土槽 1 为草皮，只含有少量营养土，所以不易测得准确的土壤含水量，这时土槽 1 可以用来研究下部凹凸排水板以及保湿垫作为一个系统在长期干旱充分干燥后的蓄水情况。四个土槽可以充分体现轻型透水性绿色屋顶整个系统结构在长期干旱后的表现情况。

10 月 21 日及 11 月 5 日的降雨都为按照济南 2 年一遇的设计雨强，按照芝加哥雨型设计的为期 1h 降雨。实际人工降雨过程中，两次降雨总降雨量稍大于设计降雨量 48.99mm，均为 50.4mm，误差为 2.88%，基本能够反映济南 2 年一遇降雨情况。两次降雨事件的设计降雨过程与实际降雨过程如图 4-6 所示。

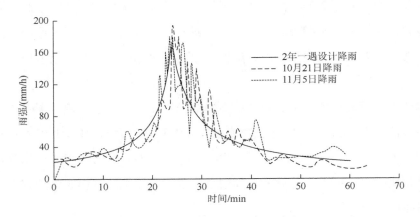

图 4-6　10 月 21 日及 11 月 5 日降雨与设计降雨比较

从图 4-6 中可以看出，实际降雨与设计降雨总体趋势相同，降雨峰值接近，且峰值出现时刻接近，主要区别在于实际操作中实时修改雨强导致人工降雨的雨强波动较大，但总体上符合设计降雨过程。

图 4-7 为两次降雨过程及四个土槽的出流过程线，其中图 4-7（a）为干旱条件下绿色屋顶降雨出流情况，图 4-7（b）为连续降雨后土壤湿润条件下绿色屋顶降雨出流情况。可以看出，在干旱条件下，绿色屋顶出流过程与降雨过程无明显关系，径流量较小，出流曲线比较平坦圆润；而湿润条件下绿色屋顶出流过程与降雨过程在形状上相似，出流过程陡涨陡落较为明显，并且存在峰值上的延迟。在产流时间方面，图 4-7（a）产流时间明显比图 4-7（b）晚，具体数值如表 4-4 所示。干旱条件下产流时间均为 23min 左右，产流时间与土层厚度未呈现出明显的规律性，其中土槽 4 产流时间最长，为 27.85min；土壤湿润情况

下，产流时间相比于图 4-7（a）明显缩短，并且从土槽 1 至土槽 4 随着土壤厚度的增加逐渐递增。

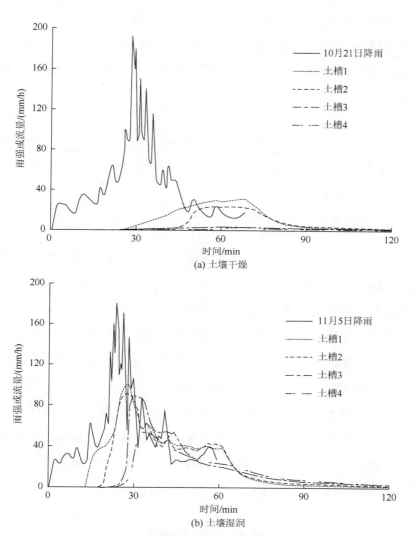

(a) 土壤干燥

(b) 土壤湿润

图 4-7　10 月 21 日及 11 月 5 日各土槽降雨出流过程

表 4-4　产流时间　　　　　　（单位：min）

降雨日期	土槽 1（草皮）	土槽 2（10cm 土）	土槽 3（20cm 土）	土槽 4（30cm 土）
10 月 21 日	24.20	23.75	24.18	27.85
11 月 5 日	12.88	15.18	17.68	21.62

径流截止时间如表 4-5 所示，可以看出在土壤干燥时，同样降雨条件下绿色屋顶径流截止时间明显比湿润条件下早，并且随着土壤厚度增加呈现截止时间逐渐减小的趋势；而湿润条件下则完全相反，随着土壤厚度增大，径流截止时间呈现逐渐增大趋势。土槽 4 在前期土壤含水量 14.5%的条件下，径流截止时间为 486.88min，将近 8h。可见本书中的轻型透水性绿色屋顶对降雨的蓄滞、延迟作用极其明显。

表 4-5　截止时间统计　　　　　（单位：min）

降雨日期	土槽 1（草皮）	土槽 2（10cm 土）	土槽 3（20cm 土）	土槽 4（30cm 土）
10 月 21 日	203.90	212.93	186.55	127.26
11 月 5 日	132.63	227.72	322.70	486.88

此外，从图 4-7 中可以看出，两次降雨之后，从土槽 1 至土槽 4 随着土层厚度增加，出流过程的峰值均在减小，看出土层厚度增加之后绿色屋顶对于降雨的削峰作用也会不同程度的增加。表 4-6 为峰值出现时间，可以看到，在干燥条件下，几个土槽出流的峰值时间没有明显的先后规律，这可能与总径流量本身比较小有关，并且由于此时的绿色屋顶结构比较干燥，蓄水功能主要由蓄排水板和保湿垫承担，扣除这部分水量后的小部分降雨再通过上部分土层蓄滞、削峰和延峰；而湿润条件下，峰值出现时间则随着土层厚度的增加逐渐推迟，虽然此时土槽 4 的土壤湿度略高于其他土槽，但峰时仍然是最晚的，将近 36min。总体而言，对比两次降雨出流过程，土壤越干燥或者说绿色屋顶整个系统越干燥，同样降雨下径流峰值出现的就越晚。

表 4-6　峰值时间统计　　　　　（单位：min）

降雨日期	土槽 1（草皮）	土槽 2（10cm 土）	土槽 3（20cm 土）	土槽 4（30cm 土）
10 月 21 日	67.83	63.20	61.38	84.72
11 月 5 日	26.82	27.78	31.57	35.77

10 月 21 日和 11 月 5 日设计降雨均为 2 年一遇降雨，实际降雨过程中峰值分

别为 190mm/h 和 180mm/h，相对误差为 5.26%，峰值误差不大。图 4-8 显示了两次降雨过程中土槽出流流量峰值以及削峰量统计量。出流量峰值均随着土层厚度的增加而逐渐减小，并且干燥条件下出流量峰值以及削峰量明显大于土壤湿润时的情况，10 月 21 日干燥降雨时平均削峰量为 174.8mm/h，11 月 5 日湿润降雨时平均削峰量为 95.8mm/h。干燥条件下，在土层为 20cm 厚度情况下削峰量上升最为明显；湿润条件下，在土层厚度为 30cm 情况下削峰量上升最明显。

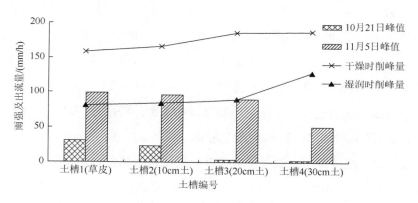

图 4-8　出流峰值及削峰量统计

表 4-7 是两次降雨后的总径流量，湿润条件下径流量均大于干旱条件下的出流量。第一次降雨径流过程中，土槽 4 的径流量与其他三个土槽的出流量明显不成比例，按照之前等差比例，土槽 4 的降雨应该被完全吸收，出流量应该为 0mm，而实际出流为 3.10mm，这应该是由于降雨被完全吸收后人工复合土的高渗透性所导致的出流。

表 4-7　径流量统计　（单位：mm）

降雨日期	土槽 1（草皮）	土槽 2（10cm 土）	土槽 3（20cm 土）	土槽 4（30cm 土）
10 月 21 日	21.60	14.87	4.10	3.10
11 月 5 日	45.00	43.70	35.20	30.90

两次降雨中，径流量均随着土层厚度的增加而减小。因为两次降雨量相同，均为 50.4mm，并且雨型也相近，同时考虑到 10 月 21 日降雨前四个土槽均处于极

度干燥的条件下（凹凸排水板及保湿垫完全干燥，人工复合土含水量为 0.1%），所以对比两次降雨就可以粗略推算除了土层外的蓄排水板以及保湿垫的蓄水量。土槽 1 由于只覆盖了草皮和少量的草炭作为营养土，所以蓄水功能主要由下部的凹凸排水板的凹凸结构以及保湿垫承担，由于第一次降雨处于几乎完全干燥的状态，所以降雨量 50.4mm 减去出流量 21.6mm 即为下部结构的蓄水量 28.8mm。考虑草皮及少量营养土吸水及系统漏水等影响，假设误差为 4mm，则实际下部结构蓄水量为 24.8mm；11 月 5 日因为处于连续降雨周期内，土槽 1 下部结构基本上处在饱和状态，所以总出流量约等于干燥时的出流量 21.6mm 加上下部蓄水量 24.8mm，为 46.4mm，与实测出流量 45mm 相近。所以，基本可以认为整个绿色屋顶除了土层外的凹凸排水板以及保湿垫的总蓄水量为 24.8mm。

住建部海绵城市建设技术指南（2014）中指出，济南在 70%、75%、80%以及 85%径流控制率下的降雨分别为 23.2mm、27.7mm、33.5mm 和 41.3mm，所以在干燥条件下仅仅依靠下部的排水板以及保湿垫等结构就可以保证 70%径流控制率目标，在具有 20cm 土层后可以远远满足 85%径流控制率的要求。

本节对比了四个实验土槽在干燥及湿润条件下经过同样的 2 年一遇设计降雨过程后的表现情况，分别从出流过程、产流时间、径流截止时间、峰值以及峰值出现时间等方面，对比了干湿条件对轻型透水性绿色屋顶蓄滞雨水的影响；并且根据两次降雨出流情况，依托第一次降雨时绿色屋顶系统极其干燥的基本条件，推算出绿色屋顶除了土层外的凹凸排水板以及保湿垫的总蓄水量为 24.8mm，这对于充分掌握绿色屋顶的性能参数、后续的水量平衡计算以及在长期干旱后粗略计算轻型透水性绿色屋顶的蓄水能力和系统总含水量具有参考价值。

4.3 土层厚度影响分析

4.3.1 实验数据说明

种植基质层或者土层是绿色屋顶中极其重要的结构组分之一，在为表层植被提供基本生长空间、提供养分固定根系的同时，也对绿色屋顶对于降雨的蓄滞能力产生影响，主要表现为增加绿色屋顶的蓄水量，同时改变降雨径流的产流时间以及峰值等。

本节利用连续降雨阶段的五场降雨，分析土壤厚度对绿色屋顶系统蓄滞能力的影响，因为连续降雨阶段降雨间隔大致相同，均为 24h 左右，所以可以认为降雨前绿色屋顶结构的前期状态近似相同，以此避免诸如排水板蓄水等其他因素对研究的影响。

采用的降雨分别为按照当地暴雨公式计算的 2 年、5 年、10 年、20 年以及 50 年一遇降雨，并且按照芝加哥雨型设计的历时为 1h 的降雨，峰值系数 $r = 0.4$，所以降雨峰值时间为 24min。采用户外人工降雨大厅，严格按照实时雨强进行人工降雨。设计与实际降雨量对比如表 4-8 所示，可以看出实际降雨与设计降雨量十分接近，实际降雨总体上能够反映设计降雨。土槽 1 至土槽 4 分别模拟简单草皮以及土层厚度分别为 10cm、20cm 和 30cm 的情况。

表 4-8　典型设计降雨与实际降雨对比

降雨日期	重现期	设计降雨/mm	实际降雨/mm
11 月 5 日	2 年	48.99	50.4
10 月 28 日	5 年	61.01	64.00
11 月 1 日	10 年	70.10	71.60
11 月 3 日	20 年	79.20	76.00
11 月 8 日	50 年	91.22	91.40

4.3.2　结果分析

图 4-9 为 2 年、5 年、10 年以及 20 年降雨情况下，四个土槽的降雨及出流情况。其中 50 年一遇的降雨及径流过程线并未列出，主要是由于 50 年一遇的设计降雨雨强峰值超过了室外降雨大厅的极限雨强，所以只能通过稍微削减设计降雨的峰值以及延长降雨峰值维持的时间来保证降雨总量的一致，因此本节的分析中，50 年一遇的降雨出流数据仅用于径流量、产流时间以及产流截止时间的相关分析，并未用于涉及峰值雨型的分析，比如径流峰值、峰值时间等。

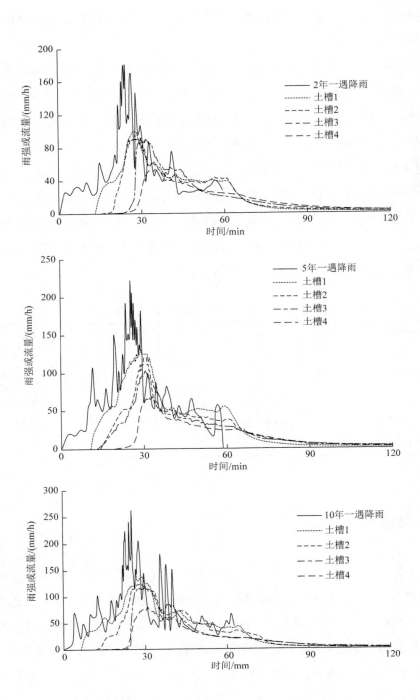

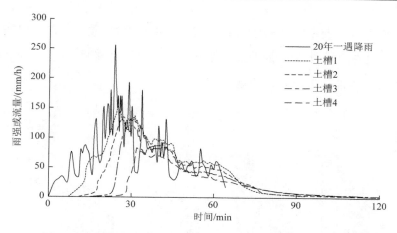

图 4-9 各土槽 2 年、5 年、10 年及 20 年一遇降雨出流关系

从图 4-9 中可以看出,各图中出流过程线与历时为 1h 的降雨过程形状均相似,从土槽 1 至土槽 4 出流过程线逐渐平坦。随着设计降雨的逐渐增大,土槽 1 的出流过程线差异较大。但随着土层厚度的增加,土槽 4 的出流过程线形状均没有明显改变,线形比较平坦圆滑,并且降雨过程线、土槽 1 至土槽 4 的出流过程线按照时间先后顺序依次排列。下面从产流时间、削峰延峰能力以及蓄滞水量方面分析土层厚度对绿色屋顶蓄滞能力表现的影响。

1)产流时间

此处的产流时间是指从人工降雨开始后到土槽底部开始有出流的时间,用来模拟绿色屋顶在实际降雨条件下对降雨径流的延迟效果,直观反映绿色屋顶对降雨的蓄滞能力,在数据采集时,采用翻斗式径流仪第一次翻斗的时间节点近似代表产流时间。

图 4-10 为四个土槽在五场设计降雨条件下产流时间的汇总柱状图,除了 50 年一遇降雨外,其余各场次降雨条件下,随着土层厚度的增加,绿色屋顶的产流时间也呈现出增长的趋势;同时,随着降雨重现期的加大,产流时间逐渐缩短。在 50 年一遇降雨条件下,四个土槽的产流时间最短,并且差异也最小,但并未呈现出与之前场次降雨一致的规律性,究其原因:一方面由于 50 年一遇的降雨过程整体雨强较大,极限降雨强度达到 300mm/h,远大于之前几场降雨的雨强,极大地缩短了产流时间,增加了产流时间上的不稳定性;另一方面应该与前期土壤含

水量的影响有关，表 4-9 为各场次降雨前的前期土壤含水量，可以看出在 50 年一遇降雨时，土槽 3 和土槽 4 的前期土壤含水量相比于之前明显偏高，所以导致产流时间缩短，未能体现出明显的规律性。

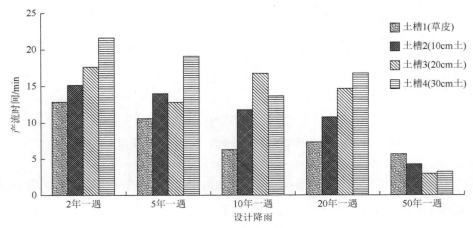

图 4-10   各土槽产流时间统计

表 4-9   各土槽降雨前土壤含水量   （单位：%）

重现期	土槽 1（草皮）	土槽 2（10cm 土）	土槽 3（20cm 土）	土槽 4（30cm 土）
2 年	—	9.90	12.20	14.50
5 年	—	8.30	11.10	11.40
10 年	—	9.30	10.60	14.70
20 年	—	8.80	9.40	12.00
50 年	—	10.90	11.90	17.50

总体而言，在持续降雨条件下，绿色屋顶结构对降雨有良好的蓄滞效果，在 20 年一遇降雨以下，土槽 1 的平均产流时间为 9.27min，具有 10cm 土层的土槽 2 平均产流时间为 12.95min，20cm 土层的土槽 3 平均产流时间为 15.49min，30cm 土层的土槽 4 平均产流时间为 17.83min，平均每增加 10cm 厚的土层，平均产流时间推迟 2～3min。遇到 50 年一遇的高强度集中降雨时，四个土槽的产流时间均陡降至 4min 左右，由此可见在 50 年一遇的高强度降雨情况下，土层厚度的变化对于绿色屋顶结构的产流时间影响不大。

2）径流截止时间

2014 年住建部发布的海绵城市建设技术指南中对生物滞留设施、下凹式绿地和渗透塘的维护中规定：当调蓄空间雨水的排空时间超过 36h 时，应及时置换树皮覆盖层或表层种植土。由此可见，海绵城市建设中渗透、滞留型海绵设施排空时间应符合一定要求，绿色屋顶虽然没有排空时间这一参数，但是具有径流截止时间这一参数，反映绿色屋顶对于降雨的蓄滞能力，表示降雨开始后绿色屋顶开始蓄滞降雨到径流截止的时间。径流截止时间如果太短，则在同样出流量情况下，出流过程的径流量较大，不能起到削峰、调峰、延迟径流的作用；而如果截止时间过长，则会导致不能在连续降雨条件下及时排空土壤中的下渗雨水，难以为下一场降雨留出有效的调蓄空间。

图 4-11 为根据五场降雨径流过程统计的四个土槽的径流截止时间，总体而言，随着屋顶结构中土层厚度的增加，径流截止时间也呈现出增长趋势。其中，土槽 1 的径流截止时间最短，集中在两小时左右，这主要是由于土槽 1 中覆盖层为简单草皮，对降雨几乎没有明显的滞留能力，并且随着降雨量及降雨强度的改变没有明显变化。随着土层厚度的增加，土槽 2、3 和 4 的径流截止时间明显延长，其中最大值为土槽 3 在 10 年一遇降雨条件下的 9.36h。同时，可以看到土槽 3 径流截止时间最长，而当土层厚度增长到 30cm 时，径流截止时间大多数情况下显著降低，这可能与人工复合土的渗透系数 K_s 较大有关，也有可能是人工复合土中存在的大孔隙结构削弱了对下渗雨水的滞留能力，阻止了径流截止时间的增长。

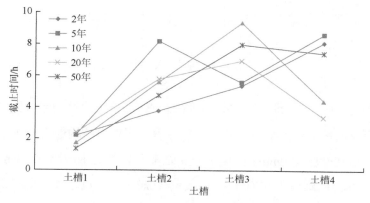

图 4-11　五场降雨中各土槽径流截止时间统计

因此，根据以上分析可以看出，单就径流截止时间这一指标而言，绿色屋顶的经济有效厚度为土槽 3 的 20cm，超过或者低于这一厚度，轻型透水性绿色屋顶对于径流的滞留效果均没有明显增加甚至会降低。当土层厚度为 20cm 时，绿色屋顶径流截止时间为 5.38～9.36h，滞留雨水效果显著；同时可以看到，当仅有一层佛甲草草皮代替种植基质层以及植被层时，也能达到一定的滞留效果，径流截止时间集中在 2h 左右。"径流截止时间"这一参数为轻型绿色屋顶与其他海绵设施排空时间这一参数的比较，以及为本研究中设计的绿色屋顶在 SWMM 等模型中进行模拟时的参数取值提供实验依据。

3）径流峰值

绿色屋顶蓄滞作用的另一个表现就是对径流峰值的削减，削减径流峰值可以直接缓解路面及排水管道的行洪压力，减少内涝积水的概率。图 4-12 为根据 2 年、5 年、10 年以及 20 年一遇的降雨径流数据统计的降雨及径流峰值。

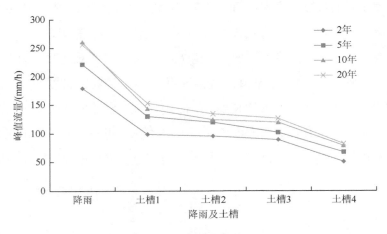

图 4-12　峰值流量统计

从图 4-12 中可以看到，在不同降雨条件下，绿色屋顶结构随着铺设土层厚度的增加，径流的峰值逐渐减小。其中仅仅覆盖一层草皮结构的土槽 1 对降雨峰值的削减也能达到 90～100mm/h；在土槽 3 之前，也就是土层厚度 20cm 及以下，土层每增加 10cm，峰值削减为 5～10mm/h，此时土层厚度增加对削峰效果影响并不显著；当土层厚度达到 30cm 时，峰值削减程度明显增加，此时 30cm 土层的土槽 4 峰值比土槽 3 平均降低 40mm/h，效果显著。因此，仅就削峰而言，30cm 土层厚度时效果最为显著；而当考虑到成本以及土层厚度对荷载的影响时，其并不是最佳选择。此外，由于采用覆盖草皮的简式绿色屋顶与覆盖 20cm 以内土槽的绿色屋顶在削峰效果上差异并不显著，所以仅采用草皮覆盖或采用 10cm 土层的性价比相对较高。

4）延峰时间

由于表层植被以及下部蓄水结构的作用，绿色屋顶会对降雨所产生的径流峰值的出现时间进行有效的延迟，在径流达到排水管网时达到延迟洪峰或者错峰的作用，能够缓解排水管网的排涝压力。

图 4-13 为根据实测数据统计的降雨及土槽出流的峰值时间。在不同降雨强度下，随着土槽中土壤厚度的增加，径流出现时间明显推迟；同时，随着降雨量及降雨强度增大，土槽峰值出现时间虽然随着土层厚度的增加逐渐推迟，但推迟程度有所降低，峰值出现时间逐渐趋于同步。

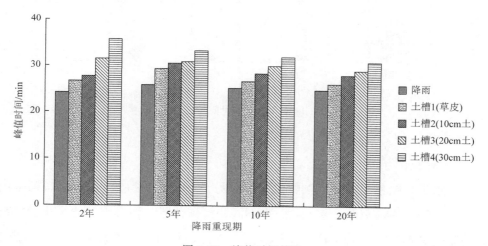

图 4-13　峰值时间统计

采用芝加哥雨型设计降雨时，降雨峰值时间设置为 24min，统计的四场降雨峰值时间均为 24～25min，保证了延峰时间比较的统一性。图 4-14 为统计的四场降雨出流过程中各个土槽的延峰时间。从图中可以看到，总体上随着土层厚度增加，绿色屋顶结构的延峰时间逐渐增大；并且随着土层厚度的增加，绿色屋顶结构对于降雨延峰时间的差异也变大，其中土层最厚的土槽 4 在不同强度设计降雨下延峰时间波动最为明显，从 6min 浮动至 11.54min；而土槽 2 对于不同降雨的延峰效果最为稳定，总体都在 3min 左右。

所以，总体而言，随着土层厚度的增加，绿色屋顶的延峰时间逐渐增加，峰值出现时间逐渐向后推移；土层厚度为 10cm 时，面对不同降雨条件，绿色屋顶的延峰时间稳定在 3min 左右；随着土层厚度的进一步增大，绿色屋顶对于低强度降雨的延峰效果，比对于高强度降雨的延峰效果增加显著。

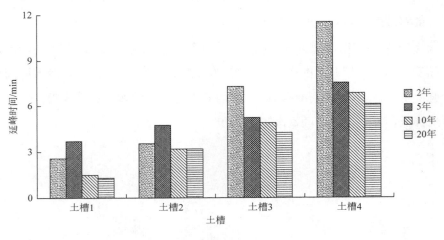

图 4-14　延峰时间统计

5）蓄水量

蓄水量是绿色屋顶除了削峰延峰外的另外一个重要指标，可以直接削减降雨径流，降低内涝风险。图 4-15 为不同降雨条件下，四个土槽的径流量。在同一降雨条件下，随着土槽中土层厚度的增加，径流量逐渐减小，并且土槽 1 径流量波动最大，土槽 4 波动最小，随着土层厚度的增加，降雨径流量值趋向于稳定。

图 4-16 为实际降雨后各个土槽的蓄水量统计图，可以看到，同一降雨场次中，从土槽 1 至土槽 4 蓄水量逐渐增加，土槽 2 相比于土槽 1，土槽 4 相比于土槽 3 蓄水量增幅较为明显，而土槽 2 与土槽 3 相比增幅并不显著。土槽 1 对于各场次

降雨的蓄水量几乎为一个定值，波动很小，在 5mm 左右；土槽 3 与土槽 4 在 5 年、10 年和 20 年一遇的降雨条件下蓄水量增幅不明显，几乎相同；而土槽 2 对于降雨量的增加，蓄水量稳步增加。

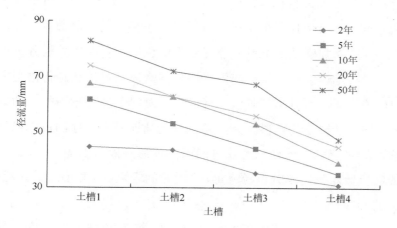

图 4-15　径流量统计

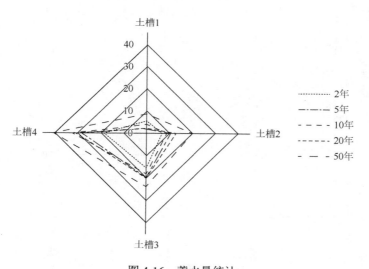

图 4-16　蓄水量统计

所以，在不考虑荷载限制时，30cm 土层的绿色屋顶结构对于降雨的蓄水效果最为明显；当考虑荷载及成本时，铺设 20cm 厚度人工复合土层的屋顶结构在不同强度降雨下均有较好的表现，性价比最高。

4.4　不同雨强影响分析

　　同样的绿色屋顶结构在不同强度及不同历时降雨条件下，对于雨水的蓄滞能力有所不同。本节依托四个土槽在五场降雨条件下的实测数据，分析雨型相同的情况下，降雨强度及降雨量的改变对于绿色屋顶蓄滞能力的各项性能指标的影响。由于实际试验中的设计降雨采用相同峰值系数的芝加哥雨型所设计的历时为 1h 的降雨，所以本节未讨论降雨历时对绿色屋顶蓄滞能力的影响。由于 50 年一遇设计降雨的峰值较大，超过试验场地降雨大厅的最大峰值能力，实际操作时通过降低峰值延长持续时间而保证总降雨量的操作方法，所以 50 年一遇的实验数据只用来分析径流量、产流时间等数据，并不用来分析与峰值、峰形相关的参数。

　　图 4-17 为土槽 1 至土槽 4 在 2 年、5 年、10 年及 20 年一遇为期 1h 降雨条件

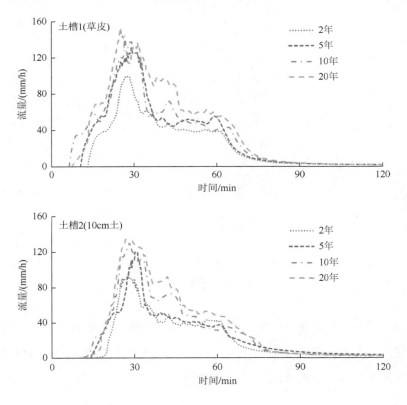

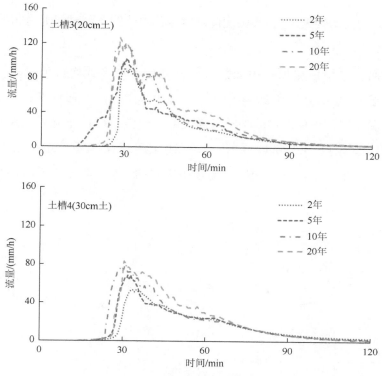

图 4-17　同一土槽在不同降雨下出流过程

下的出流过程曲线。从图中可以看出，虽然四场降雨实际操作中与设计降雨有些许误差，但是同一土槽的四次出流过程线形状上均大体相似，随着重现期的增加，径流过程线逐渐提前，并且峰值增加，线形更加陡峭。同时也可以看到，随着土层厚度的增加，径流过程线趋于平坦，过程线之间更加紧凑。下面从几个指标方面具体分析降雨强度对绿色屋顶性能的影响。

1）产流时间

图 4-18 为五场降雨条件下测得的不同土槽的产流时间，从图中可以看到随着降雨强度的增大，四个土槽的产流时间均呈现出减小的趋势。2 年一遇降雨条件时，四个土槽的平均产流时间为 17.1min，50 年一遇时，四个土槽的平均产流时间为 4.27min。五次降雨中，10 年及 20 年一遇降雨条件下土槽产流时间的差异明显比 2 年及 5 年一遇降雨时大，而在 50 年一遇的高强度降雨条件下，四个土槽的产流时间趋向一致，在 4min 左右。可见，在中强度降雨条件下，不同结构的绿色

屋顶产流时间波动较大，而在高强度降雨时绿色屋顶的产流时间则趋向于同一值，差异明显缩小。

总体而言，绿色屋顶在中低强度降雨条件下对产流时间的延迟效果比较好；当降雨由 10 年上升到 20 年一遇时，绿色屋顶的产流时间变化不显著，产流时间基本相同；当面对 50 年一遇高强度降雨条件时，不同绿色屋顶结构的产流时间均趋向于一致。所以，绿色屋顶在中低强度降雨下延迟产流效果较好，在高强度降雨条件下即使改变绿色屋顶中土层的厚度，其延迟产流的效果也不显著。

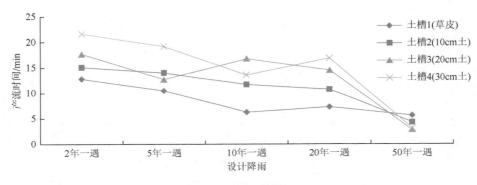

图 4-18 产流时间统计

2）径流截止时间

径流截止时间可以反映绿色屋顶及时排出蓄滞水量，从而为下一场降雨留出蓄滞空间的能力。图 4-19 为四个土槽在不同设计降雨条件下的径流截止时间，可以看到，土槽 1 的径流截止时间受降雨强度变化影响不大；土槽 2 及土槽 4 在 5 年一遇降雨条件下径流截止时间最长；土槽 3 在 10 年一遇降雨强度下径流截止时间最长。土槽 2、土槽 3 和土槽 4 均在 5 年和 10 年一遇降雨条件下达到最长的径流截止时间，在降雨进一步增大之后，径流截止时间有不同程度的缩短。

因此，只铺设草皮的简式绿色屋顶在不同降雨条件下，径流截止时间几乎没有变化，均在 2h 左右；具有不同厚度人工复合土的绿色屋顶结构在 5 年和 10 年一遇的降雨强度下径流截止时间最长，效果最为明显。可以得出结论，并不是土

层厚度越大，径流结束时间越晚，只从径流截止时间上看，土层厚度为 20cm 时
总体效果最佳。

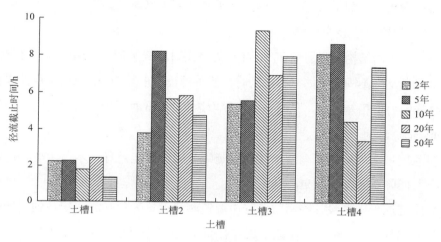

图 4-19 径流截止时间统计

3）削峰量

图 4-20 为统计出的四个土槽在不同降雨强度下对降雨的削峰量，这里的削峰
量是指降雨强度峰值与出流量峰值统一单位后的差值。图中显示，在 10 年一遇降
雨条件下，从土槽 1 到土槽 4，削峰量随着降雨强度的增加而递增；四个绿色屋

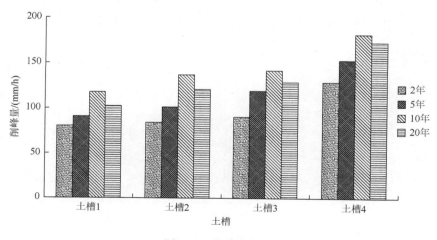

图 4-20 削峰量统计

顶结构在 10 年一遇降雨时的削峰量均为最大，其中土槽 4 的削峰量达到 181.82mm/h；而当降雨达到 20 年一遇时，四个土槽的削峰量均有不同程度的减小。同时可以看出，土槽 1、2 和 3 在同一降雨条件下削峰量差异不大，只有土层达到 30cm 时，削峰量才会明显增长。

因此，不同结构绿色屋顶在 10 年一遇降雨时削峰量最大，当降雨强度继续增大时削峰量呈现不同程度的减少；同时，简单铺设草皮与 20cm 以内土层的绿色屋顶在削峰能力上相差不大，只有当土层厚度达到 30cm 时，削峰量才会明显增加。

4）延峰时间

绿色屋顶在不同降雨强度条件下的延峰效果也存在差异，本节主要探讨绿色屋顶在不同降雨条件下的延峰情况。

采用芝加哥雨型设计降雨时，降雨峰值时间设置为 24min，统计的四场降雨峰值时间均为 24～25min，保证了延峰时间比较的统一性。图 4-21 为统计的四场降雨出流过程中各个土槽的延峰时间。从图中可以看到，随着土层厚度增加，绿色屋顶结构的延峰时间逐渐增大；其中 2 年一遇降雨条件下，随着土层厚度的增加，延峰时间增加最为明显，其中土槽 4 的延峰时间达到 11.54min，效果显著；当降雨强度逐渐增大时，延峰时间与土层厚度曲线斜率降低，并逐渐趋于平坦，也就是说，在降雨强度逐渐增大时，土层增加同样的厚度，延峰时间量逐渐减少，这一现象在土槽 4 上表现得极为明显。除了 2 年一遇降雨以外，其余降雨强度时的延峰时间均集中在 7min 左右，相比于之前的 11.54min 显著降低。

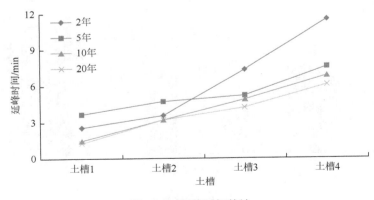

图 4-21　延峰时间统计

所以，在低强度降雨，比如 2 年一遇降雨下，土壤厚度增加对延峰的作用极为显著，在此条件下土层厚度平均每增加 10cm，延峰时间平均增加 4min；而当降雨强度逐渐增大时，土层厚度对峰值的推迟效果逐渐降低。

5）蓄水量

不同绿色屋顶结构在不同降雨条件下，蓄水量的具体数值及变化情况在上一小节已经具体分析过。这里主要关注在不同降雨强度下绿色屋顶蓄水量占总降雨量的百分比情况。

图 4-22 为土槽在不同场次降雨下，蓄水量占总降雨量的百分比。土槽 1 由于只有简单草皮作为上层结构，所以蓄水量增长有限，随着降雨强度的增加，其蓄水量百分比呈现递减趋势；土槽 2 和土槽 3 在 5 年一遇降雨条件下，蓄水量百分比最高，土槽 2 达到 16.9%，土槽 3 达到 30.78%，土槽 2 在不同强度降雨下蓄水百分比较为稳定，平均数值在 14.5% 左右，土槽 3 在降雨大于 5 年一遇后下降明显；土槽 4 在 10 年一遇降雨条件下蓄水量百分比最高，为 45.67%。

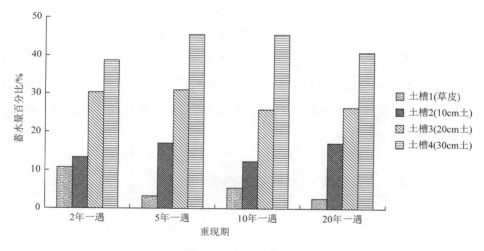

图 4-22　蓄水量百分比统计

总体而言，使用草皮覆盖的简式绿色屋顶随着降雨强度的增加，蓄水量百分比逐渐减小；覆盖 20cm 及以下土层时，绿色屋顶在 5 年一遇降雨强度附近蓄水量百分比最高，高于或者低于此雨强时蓄水量百分比有不同程度降低，而当土层达到 30cm 时，在 10 年一遇降雨条件下百分比最高；10cm 土层时，平均蓄水量百分比为 14.5%，20cm 土层时平均蓄水量百分比为 27.5%，30cm 土层时其值为 42.1%。由此可见，即使在连续降雨条件下，覆盖有人工复合土的绿色屋顶结构对于不同强度降雨均有良好的蓄滞能力。

4.5　不同坡度影响分析

4.5.1　实验说明

绿色屋顶的使用情况并不仅局限于坡度为零或接近于零的平顶屋面，经常还会被使用在具有坡度的屋面上。住建部海绵城市建设技术指南中指出："绿色屋顶适用于符合屋顶荷载、防水等条件的平顶建筑和坡度小于等于 15° 的坡度屋顶建筑"。因此，这里选取 11 月 1 日和 11 月 9 日的两场降雨出流情况进行对比，分析坡度对于绿色屋顶蓄滞能力的影响。两场降雨均为 10 年一遇并按照芝加哥雨型设计的 1h 降雨，其中 11 月 1 日降雨量为 71.6mm，11 月 9 日降雨量为 69.4mm。11月 1 日时土槽坡度均为 0°，11 月 9 日时土槽坡度均调整为 15°。降雨前的前期土壤含水量如表 4-10 所示，可以看到两次降雨前对应土槽的土壤含水量十分接近，所以整个实验中除了两次降雨中土槽坡度不同外，其他条件均近似相同，降雨径流结果仅仅受到坡度的影响。

表 4-10　两次降雨前期土壤含水量　　　　（单位：%）

降雨场次	土槽 2（10cm 土）	土槽 3（20cm 土）	土槽 4（30cm 土）
11 月 1 日	9.30	10.60	14.70
11 月 9 日	9.40	10.50	14.70

在分析实验结果前，先对有无坡度条件下绿色屋顶的情况进行定性分析。图 4-23 为坡度为 θ 时的绿色屋顶简图，假设土层厚度为 H，屋面长度 L，屋顶结构宽度为 W，则单位投影面积上的土壤体积 V_1 为

$$V_1 = \frac{L \times H \times W}{L \times \cos\theta \times W} = H / \cos\theta \tag{4-6}$$

而当坡度为零时，此时单位投影面积上土壤体积 V_2 为

$$V_2 = \frac{L \times H \times W}{L \times W} = H \tag{4-7}$$

因为 θ 在 $0°\sim90°$ 范围内，所以 $V_1 > V_2$。因此，当铺设同一厚度的土层时，具有坡度的屋顶单位投影面积上的土壤体积量要大于平顶屋面，单位投影面积上的蓄水量应该有所增加。但是，综合考虑到绿色屋顶整体结构时，土层下部的凹凸蓄排水板则会因为坡度的存在导致其凹凸结构中的蓄水量减少，因此整个轻型透水性绿色屋顶在具有坡度时的蓄滞能力情况需要实测数据进行验证。

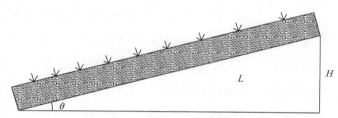

图 4-23　有坡度条件下绿色屋顶简图

4.5.2　结果分析

图 4-24 为两次降雨事件的降雨及出流过程线，其中（a）图为 11 月 1 日降雨出流情况，（b）图为 11 月 9 日土槽坡度为 15°时的降雨出流情况。

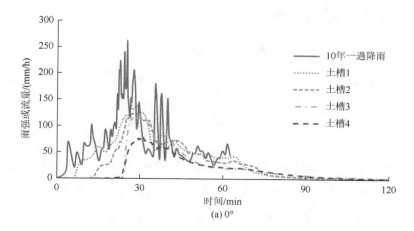

(a) 0°

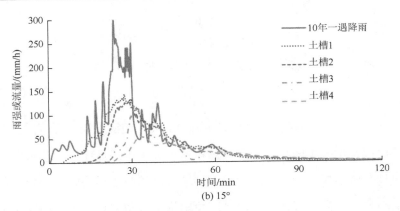

图 4-24   0°及 15°时绿色屋顶在 10 年一遇降雨下出流情况

　　从图中可以看出，虽然设计降雨相同，但是两次降雨的实际降雨过程稍有差别，11 月 9 日降雨相较于 11 月 1 日更加集中，峰值较大，但峰时却很接近。对比几个土槽的出流过程，总体上涨落趋势相似，但具有坡度的 11 月 9 日出流过程更加平坦，出流过程线之间间距比较稀疏。

　　表 4-11 为两次降雨后产流时间统计，除了 30cm 厚的土槽 4 以外，其余土槽在有坡度条件下产流时间均明显小于坡度为零时的产流时间，其中土槽 1 提前最小，为 1.77min，土槽 2 提前最大，为 5.30min。究其原因，可能是有坡度时绿色屋顶表面更容易形成表面径流，此外，在有坡度情况下，从土层下渗的降水更易于产生侧向流动，所以从两方面考虑，有坡度时产流时间更加提前。而对于土槽 4 而言，一方面因为土层较厚，导致下渗及侧向流动缓慢；另一方面可能是由于降雨分布不均匀或者测量误差所导致。

表 4-11   产流时间统计   （单位：min）

降雨场次	土槽 1（草皮）	土槽 2（10cm 土）	土槽 3（20cm 土）	土槽 4（30cm 土）
11 月 1 日	6.32	11.80	16.83	13.68
11 月 9 日	4.55	6.50	11.70	16.90

　　下面对出流过程的峰值及削峰量情况进行讨论，表 4-12 为两次降雨后土槽出流的峰值及削峰量统计表。表中显示，两次降雨后，除了土槽 4 外，其余土槽出流峰值相差不大，而土槽 4 的峰值却明显减小；计算削峰量后可以看到，由于 15°

时峰值大于 0°时峰值，所以绿色屋顶结构在 15°时削峰量明显大于没有坡度的情况。其中土槽 4 的削峰量最大，达到了 244.62mm/h，相比于 0°时的削峰量足足增加了 62.8mm/h。由此可见，在有坡度时，具有同样厚度种植基质层的绿色屋顶在降低峰值以及削峰方面的性能具有明显提升。

表 4-12　峰值及削峰量统计　　　（单位：mm/h）

土层厚度比较工况	峰值		削峰量	
	0°	15°	0°	15°
降雨	261.82	300.00	—	—
土槽 1（草皮）	144.00	144.00	117.82	156.00
土槽 2（10cm 土）	125.00	130.00	136.82	170.00
土槽 3（20cm 土）	120.00	124.23	141.82	175.77
土槽 4（30cm 土）	80.00	55.38	181.82	244.62

表 4-13 为两次降雨后峰时及延峰时间的统计，11 月 9 日人工降雨峰时为 23.55min，提早于 11 月 1 日 25.18min 的峰时。两次过程的峰时均与设计降雨 24min 的峰时相差不大。可以看到，虽然 15°时降雨峰时有所提前，但是出流的峰时均大于 0°时的峰时。15°坡度条件下，延峰时间均明显大于 0°平坡时的情况，并且延峰时间随着土层厚度逐渐增加。土槽 1 因为只铺了草皮，15°时延峰时间相比于 0°只增加了 2.35min，其余铺设有不同厚度土层的绿色屋顶结构，在有坡度时比平坡时的平均延峰时间增加 3min 左右。

表 4-13　峰时及延峰时间统计　　　（单位：min）

土层厚度比较工况	峰时		延峰时间	
	0°	15°	0°	15°
降雨	25.18	23.55	—	—
土槽 1（草皮）	26.63	27.35	1.45	3.80
土槽 2（10cm 土）	28.38	29.10	3.20	5.55
土槽 3（20cm 土）	30.07	31.47	4.88	7.92
土槽 4（30cm 土）	32.03	33.22	6.85	9.67

最后分析坡度对于绿色屋顶蓄水量的影响，表 4-14 为两次降雨后各个土槽的蓄水量，可以看出，具有坡度时，各土槽蓄水量均大于平坡时的情况，这与前一小节的定性分析结果相一致。其中土槽 1 蓄水量增加最小，增量为 1.6mm；具有 20cm 土层的土槽 3 增幅最大，为 9.41mm；而当土层厚度进一步增加时，两种坡度情况下蓄水量的差异明显减小，30cm 厚土层的土槽 4 蓄水量增幅仅仅为 0.98mm。因此，在土层厚度为 20cm 时，15°坡度情况下，绿色屋顶蓄水量增幅最为明显，效果最佳，而当土层厚度进一步增加时，增益效果明显减小。

表 4-14　蓄水量统计　　　　　　　　　　（单位：mm）

降雨场次	土槽 1（草皮）	土槽 2（10cm 土）	土槽 3（20cm 土）	土槽 4（30cm 土）
11 月 1 日	3.80	8.80	18.40	32.70
11 月 9 日	5.40	12.40	27.81	33.68

总体而言，土层厚度相同时，坡度对于绿色屋顶蓄滞能力的影响主要表现在：①产流时间明显提前；②削峰能力显著提高；③延峰时间明显加长，在具有土层结构时，在 15°坡度下平均延峰时间增加 3min 左右；④蓄水量增加，在土层为 20cm 时最为明显，此时增量为 9.41mm。但是，具有坡度时，雨水冲刷效果及表面径流冲刷效果会显著增强，会影响到土层及植被层稳定性；此外，需要另外布置加固措施，比如逐级布设挡土结构或者采用变坡式绿色屋顶，如果加固不当会对绿色屋顶整体结构稳定性造成极大的破坏，本节因为实验内容有限并未对这几方面进行考虑，具体有待日后继续研究。

4.6　本章小结

本章依托实测数据，对绿色屋顶的蓄滞效应进行了分析，具体为：根据 2016 年 10 月 16 日至 2016 年 11 月 10 日内的 17 场降雨数据以及覆盖有不同土层厚度的四个实验土槽的出流情况，研究了蓄滞雨量与降雨量的关系，分析了前期土壤含水量、土层厚度、降雨强度以及不同坡度对绿色屋顶蓄滞能力的影响。

在蓄滞水量方面，讨论了各降雨量范围内绿色屋顶的蓄水百分比，研究表明具有土层结构的绿色屋顶在 50～60mm 降雨量内蓄水百分比最高。采用了幂函数法以及 CN 曲线法对绿色屋顶的降雨出流量进行了模拟，经过比较发现幂函数法拟合精度比 CN 法整体偏高，CN 法在低雨量下拟合偏低，在高雨强下拟合值偏高。幂函数法计算简单快捷、精度高，便于推广；CN 法虽然精度略低，但得益于其确定的参数，方便在 SWMM 等模型中对绿色屋顶进行数值模拟。

在对前期土壤含水量的影响分析方面，主要采用干燥和湿润两种条件下的土槽，在 2 年一遇的设计降雨条件下对出流情况进行对比分析。结果显示，干燥条件下绿色屋顶的产流时间及峰值时间会明显推迟；具有土层结构的绿色屋顶径流截止时间会明显缩短；根据降雨前土槽干燥的情况推算出绿色屋顶土层以下蓄排水板以及保湿垫结构的蓄水量为 24.8mm；此外，将实验数据与技术指南中对径流控制率的要求对比后发现，在干燥情况下，铺设草皮的简式绿色屋顶结构能满足济南 70% 的径流控制率目标，具有 20cm 土层时能远远满足 85% 的径流控制率要求。

在对土壤厚度的影响分析方面，铺设草皮、10cm、20cm 以及 30cm 的四个土槽在五场不同设计雨强下的对比结果显示，在各场次降雨下，随着土层厚度的增加，产流时间呈现增长趋势，但在 50 年一遇高强度降雨下土层厚度对产流时间影响不明显。径流截止时间总体上在 20cm 土层厚度时最长，为 5.38～9.63h 不等，对降雨有良好的滞留能力，这一数值对相关模型中排空时间参数的设置具有指导意义。峰值方面，随着土层厚度增加，削峰量以及延峰时间逐渐增加，在土层 30cm 厚时削峰及延峰效果最为明显，但是从性价比方面考虑，10cm 土层表现最佳。蓄水量方面，30cm 土层在不同降雨下效果最明显，而 20cm 土层在不同降雨下均有较好的表现，性价比最佳。所以，综合考虑，20cm 土层的综合性能最好，性价比也最高。

分析土槽在不同雨强下表现情况后发现，各土槽在中低强度场次降雨条件下的产流时间延迟效果明显，在高强度降雨下均趋向于 4min；铺设草皮的简式绿色屋顶在不同降雨条件下的径流截止时间均在 2h 左右，差异不大，而具有土层结构的绿色屋顶在 5 年和 10 年一遇降雨下表现最佳；削峰量方面，各土槽在 10 年一遇降雨下表现最佳；延峰时间方面则是在低强度降雨，比如 2 年一遇降雨下效果最为显著，此时平均每增加 10cm 土层，延峰时间 4min 左右；蓄水量方面，覆盖 20cm 及以下土层时，绿色屋顶在 5 年一遇降雨强度附近蓄水量百分比最高，高于或者低于此雨强时蓄水量百分比有不同程度降低，而土层达到 30cm 时，在 10 年一遇降雨条件下百分比最高。总体而言，具有土层的轻型透水性绿色屋顶在 5～10 年一遇降雨下能力得到充分发挥，超过这一雨强其蓄滞性能不同程度的有所降低。

在坡度的影响分析方面，对比了土槽在 15° 及 0° 时的表现情况，研究表明具有坡度时，同样厚度的土层在投影面积上的等效厚度增加，导致产流时间、削峰量、峰值时间、延峰时间和蓄水量等各方面蓄滞性能均有所提高。在 15° 坡度下平均延峰时间增加 3min 左右，蓄水量在土层为 20cm 时增加最为明显，增量为 9.41mm。

综上，具有 20cm 土层的轻型透水性绿色屋顶在面对不同降雨时，均有良好的蓄滞能力，此时的绿色屋顶在干燥条件下能远远满足 85% 的径流控制率要求。而且，在 20cm 厚度土层时，坡度的增加对于蓄滞性能的增益最明显。另一方面，各种绿色屋顶结构在 5 年和 10 年一遇降雨下的蓄滞能力表现最佳。

参 考 文 献

芮孝芳，2013. 产流模式的发现与发展[J]. 水利水电科技进展，33（1）：1-6，26.

中华人民共和国住房和城乡建设部，2014. 海绵城市建设技术指南——低影响开发雨水系统构建（试行）[M]. 北京：中国建筑工业出版社.

Carson T B，Marasco D E，Culligan P J，et al.，2013. Hydrological performance of extensive green roofs in New York City：observations and multi-year modeling of three full-scale systems[J]. Environmental Research Letters，8（2）：024036.

NRCS，1986. Urban Hydrology for Small Watersheds[R]. Technical Release 55，USDA Natural Resources Conservation Service.

5

第 5 章　绿色屋顶下渗模拟
及水量平衡模拟

5.1　绿色屋顶下渗过程模拟

　　本节主要研究对绿色屋顶下渗及出流过程的数值模拟，主要目标是确定人工复合土的下渗性能及相关水力参数，建立适合本书中绿色屋顶结构的下渗模型。采用的软件为 RETC 和 Hydrus-1D。RETC 能够根据实测数据推求土壤水力学参数，而 Hydrus-1D 为一维非饱和介质下渗模拟软件，因为试验中模拟绿色屋顶结构的土槽面积不大，在降雨后汇流效果不明显，所以这里采用 Hydrus-1D 对具有人工复合土的轻型透水性绿色屋顶进行下渗模拟是比较合适的。主要过程为：①测定人工复合土的土壤水分特征曲线；②将土壤水分特征曲线输入 RETC，拟合出相关水力参数；③选定 Hydrus-1D 的逆推功能，将之前拟合出的参数作为迭代逆推的初值，将拟合实测的降雨出流过程线以及土壤水分变化曲线作为目标函数，综合推求出可靠的能够反映绿色屋顶系统的水力参数；④将参数应用到其他降雨场次、其他土层厚度绿色屋顶的降雨过程正向求解下渗及土壤水分数据，并与实测数据对比验证模型的可靠性。

5.1.1　土壤水分特征曲线测定

　　土壤水分特征曲线反映了土壤水分含量与土壤吸力之间的变化关系，反映了土壤有关水分变化时的基本物理性质。土壤吸湿和脱湿过程的特征曲线并不相同，本书中，主要采用脱湿过程的特征曲线进行相关水力参数的确定和土壤下渗性质的研究。

按照田园土：珍珠岩：椰壳：草炭＝2：1：1：0.5 的比例配制人工复合土，取适量装入下部戳有排水孔的水桶中，充分浇水至饱和，之后布设 TEN-15 土壤水分张力计，以及 LT-CG-S/D-108-3M5500-00 型土壤温度、土壤水分集成式无线传感器（图 5-1），同时测定土壤张力及所对应的土壤水分含量。在实际测定过程中发现土壤水分变化极其缓慢，所以采用取暖器加热烘干的方法加速脱湿过程。通过点绘出饱和土壤释水过程中的土壤吸力值与含水量的点，然后连线之后绘制得到对应的土壤水分特征曲线。因为机械式张力计的量程为 100kPa，所以这里测量的是低吸力脱湿过程的特征曲线，结果如图 5-2 所示。对比《土壤水动力学》（雷志栋，1988）中的不同特征曲线，初步判断人工复合土的性能接近于砂壤土。

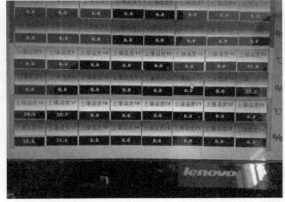

图 5-1　土壤特征曲线测定

5.1.2　水力参数初值拟合

人工复合土水力参数初值，主要采用由美国农业部农业研究中心发布的软件 RETC 来推求。它能够根据退水过程的土壤水分特征曲线以及不同含水量的土壤水力传导度数据，推求出土壤水力参数，如残余含水量 θ_r、饱和含水量 θ_s、饱和水力传导度 K_s 等。其基本原理是 van Genuchten（1980）提出的公式：

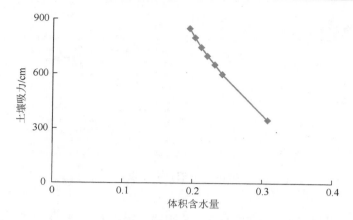

图 5-2　人工复合土特征曲线

$$S_e(h) = \frac{\theta - \theta_r}{\theta_s - \theta_r} = [1 + |\alpha h|^n]^{-m} \tag{5-1}$$

$$m = 1 - \frac{1}{n} \qquad n > 1 \tag{5-2}$$

$$K(h) = K_s S_e^{1/2} [1 - (1 - S_e^{1/m})^m]^2 \tag{5-3}$$

式中，n 和 α 为反映 $S_e(h)$ 和 $K(h)$ 函数曲线形状的参数。当给定退水过程的土壤水分特征曲线后，软件采用加权的最小二次方函数来求最优解，其目标函数如下（van Genuchten et al.，1991）：

$$O(b_k) = \sum_{i=1}^{n} \{\omega_i[\theta_i - \hat{\theta}_i(b_k)]\}^2 \tag{5-4}$$

式中，$O(b_k)$ 为目标函数；b_k 为生成的其中一组土壤水力参数；θ_i 以及 $\hat{\theta}_i(b_k)$ 分别表示土壤水分含量的观测值和拟合值；ω_i 则为权重系数。当目标函数 $O(b_k)$ 取值最小时，此时对应的一组参数 b_k 即为所求的最优解。

打开 RETC 界面（图 5-3），选择求解类型为只有退水过程数据，之后设置长度单位为 mm，时间单位为 h，迭代次数保持初值 50 次。模型种类选择 $m = 1-1/n$ 的 van Genuchten 模型（图 5-3），实测数据设置为 7 组。然后，为求解选定初值，由于人工复合土性能接近于砂壤土，这里选择系统数据库中的 Sandy Loam 提供初值。

然后，输入实测的土壤水分特征曲线点数据，因为数据均 具有良好的可信度，所以权重均设置为 1。拟合后，各参数取值为：$\theta_r = 0.0570$，$\theta_s = 0.4100$，$\alpha = 0.0124$，

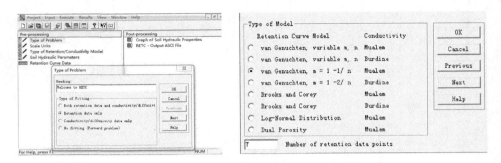

图 5-3　RETC 界面设置

$K_s = 145.9170\text{mm/h}$，$n = 2.2800$，$m = 0.5614$。拟合的 R^2 值为 0.9942，可见拟合程度很好（图 5-4（a））。

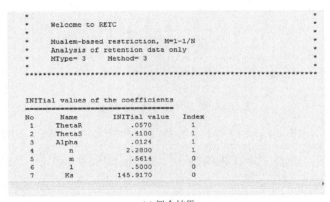

(a) 拟合结果

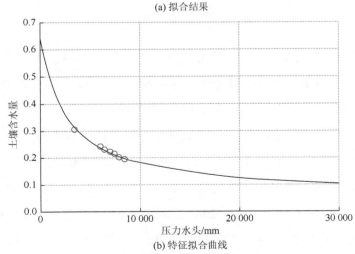

(b) 特征拟合曲线

图 5-4　拟合结果与特征拟合曲线

图 5-4（b）为实测特征曲线数据与根据以上参数计算得出的特征曲线绘制的
关系图，由图可以看出，计算出的特征曲线很好地反映了实测特征曲线的特征，
数据较为可靠。

5.1.3　下渗模型建立

Hydrus 是美国盐度实验室开发的一套软件，主要用于模拟饱和-非饱和介质中
的水、热以及溶质运移情况。Hydrus-1D 主要用来模拟一维情况下的下渗情况，
其基本原理是求解一维情况下的 Richards 方程。经过广泛实践发现，相比于 2D
和 3D 系列，Hydrus-1D 的计算精度明显高很多。Hydrus-1D 中包含有正解模块和
反演模块两个计算模块，正解模块是根据降雨等外界条件、确定的土壤水力学参
数和土层结构以及土层初始状态等边界条件，正向求解底部通量或者底部出流、
土壤含水量变化以及水头变化等结果；而反演模块则是根据已知的降雨等条件、
土壤水力学参数初值及估计范围、土层结构以及观测点在降雨过程中或之后的相
关观测数据，推算最佳的土壤水力学参数。

本书利用 Hydrus-1D 模拟绿色屋顶系统的原因包括几个方面：①本研究
中用于模拟绿色屋顶结构的实验土槽面积较小，长 1.5m、宽 1m，以下渗过
程为主，即土壤厚度变化对于降雨发挥延迟作用，不存在明显的汇流过程。
②模拟时段内主要为连续降雨，降雨间隔在 24h 左右，绿色屋顶下部的凹凸
蓄排水板以及保湿垫没有明显的释水及补水过程，所以主要还是结构中的土
层在发挥蓄滞降雨作用，研究对象与 Hydrus-1D 相符合。即便模拟干旱条件
下的下渗出流过程，也可根据前几节已确定的下部结构的蓄水量以及完全干
燥时间推算出下部结构的蓄水量，在降雨过程中减去这一水量之后，再采用
Hydrus-1D 模拟。③绿色屋顶的土层在空间上分布均匀，建模时亦是均匀的
情况，Hydrus-2D 的下渗模块与 Hydrus-1D 在原理上没有差异，而且由于边
界条件建模以及空间结构建模时的不专业，采用 Hydrus-2D 经常会导致额外
误差的产生。因此，本书采用 Hydrus-1D 来模拟绿色屋顶系统比较合适，而
且计算精度也能远远满足要求。

本节构建绿色屋顶的下渗模型，需要采用反演模块确定人工复合土的水力参数，其基本原理如下（Wang et al.，1998）：

$$\Phi(b,q,p) = \sum_{j=1}^{m_q} v_j \sum_{i=1}^{n_{qj}} \omega_{ij}[q_j^*(x,t_i) - q_j(x,t_i,b)]^2$$
$$+ \sum_{j=1}^{m_p} \overline{v}_j \sum_{i=1}^{n_{pj}} \overline{\omega}_{ij}[p_j^*(\theta_i) - p_j(\theta_i,b)]^2$$
$$+ \sum_{i=1}^{n_b} \hat{v}_j[b_j^* - b_j]^2 \tag{5-5}$$

式中，$\Phi(b,q,p)$ 为目标函数，它表示拟合值与实测值之间的总体误差；m_q 表示测量次数；n_{qj} 表示在一次测量中所测数据的个数；v_j 与 ω_{ij} 分别表示某一次测量和某次测量中某实测值的权重；$q_j^*(x,t_i)$ 表示在 x 位置、在时间 t_i 时的第 j 次测量值；$q_j(x,t_i,b)$ 则表示根据某一组水力参数计算出的在 x 位置、在时间 t_i 时的第 j 次测量时的预测值；$p_j^*(\theta_i)$ 与 $p_j(\theta_i,b)$ 分别表示第 j 次测量土壤湿度为 θ_i 时的水力参数实测值与预测值；最后一项中 b_j^* 和 b_j 分别为迭代初值和预测值中第 j 个水力参数的值。总体上，等式右边的三个项分别表示观测值误差、土壤特性观测值误差以及土壤特征参数误差，反演模块的求解过程就是逐次采用二分法求解最优的水力参数组合，使得目标函数取值最小。

这里选取具有 20cm 土层的土槽 3 作为研究对象，采用 11 月 8 日（50 年一遇 91.4mm）降雨数据、对应时段的出流过程以及中间传感器所读取的土壤水分变化情况作为反演基础数据，将上一节 RETC 计算出的水力学参数作为反演时的初始值。

打开 Hydrus-1D 后，主要参数设置如下：反演迭代次数为 100 次，同时结合本例，设置目标函数中数据点个数为 150 个；长度单位设置为 mm，下渗土层种类设置为一种，土壤深度设置为 200mm；时间设置为 h，终止时间设置为降雨结束时的 1.0258h，边界条件数据设置为 115 个，也就是降雨过程数据个数。为保证计算精度，迭代次数设置为 200 次，土壤含水量误差设置为 0.1，水头误差设置为 0.1mm；水力参数初值的设置采用上一节计算的结果，取值范围设置及反演参数的选择如图 5-5 所示。此外，上边界设置为大气边界，允许地表径流，下边界设置为自由排水，初始条件设置为以土壤含水量的形式表现。

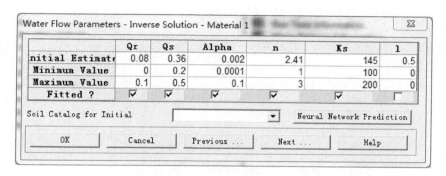

图 5-5　水力参数反演初值及取值范围设定

然后，输入 11 月 8 日的降雨数据以及观测数据，如图 5-6 所示，观测数据包括出流数据以及中间观测点的土壤水分数据，出流数据及土壤水分数据有特定的识别码，需要特别注意，权重均设置为 1。

	Time [hour]	Precip. [mm/hour]	Evap. [mm/hour]	hCritA [mm]
1	0.0302778	0	0	1000000
2	0.0508333	38.9189	0	1000000
3	0.0727778	36.4557	0	1000000
4	0.0838889	72	0	1000000
5	0.0972222	60	0	1000000
6	0.114444	46.4516	0	1000000
7	0.136389	36.4557	0	1000000
8	0.153611	46.4516	0	1000000
9	0.174722	37.8947	0	1000000
10	0.186111	70.2439	0	1000000
11	0.196944	73.8462	0	1000000
12	0.203889	115.2	0	1000000
13	0.213056	87.2727	0	1000000
14	0.220556	106.667	0	1000000

(a) 降雨数据设置

	X	Y	Type	Position	Weight	
1	0.0802778	0	3	2	1	OK
2	0.290278	-1.90476	3	2	1	Cancel
3	0.352778	-6.4	3	2	1	Previous ...
4	0.385833	-12.1008	3	2	1	
5	0.398056	-32.7273	3	2	1	Next ...
6	0.406111	-49.6552	3	2	1	Add Line
7	0.412222	-65.4545	3	2	1	
8	0.417222	-80	3	2	1	Delete Line
9	0.421944	-84.7059	3	2	1	
10	0.426389	-90	3	2	1	Help ...
11	0.430556	-96	3	2	1	
12	0.434444	-102.857	3	2	1	
13	0.438056	-110.769	3	2	1	
14	0.441667	-110.769	3	2	1	
15	0.445278	-110.769	3	2	1	

(b) 观测数据设置

图 5-6　降雨数据设置与观测数据设置

　　然后，打开绘制编辑器，绘制网格剖分个数为 1000 个，上部密度设置为下部密度的 100 倍，并且在中间位置插入观测点。之后，设置土壤前期含水量分布，查询土壤温湿度传感器记录数据，得到从上到下三个传感器读数别为 0.132、0.105、0.108，这里设置 0～75mm 土壤湿度为 0.132，75～125mm 土壤设置 0.105，125～200mm 土壤设置为 0.108，如图 5-7 所示。

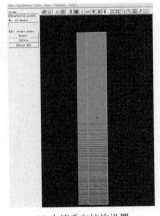

	z [mm]	theta	oot [1/mm]	Axz	Bxz	Dxz	Mat
1	0	0.132	0	1	1	1	1
2	0.00396436	0.132	0	1	1	1	1
3	0.00832198	0.132	0	1	1	1	1
4	0.0130729	0.132	0	1	1	1	1
5	0.018217	0.132	0	1	1	1	1
6	0.0237544	0.132	0	1	1	1	1
7	0.029685	0.132	0	1	1	1	1
8	0.0360089	0.132	0	1	1	1	1
9	0.0427261	0.132	0	1	1	1	1
10	0.0498365	0.132	0	1	1	1	1
11	0.0573402	0.132	0	1	1	1	1
12	0.0652372	0.132	0	1	1	1	1
13	0.0735274	0.132	0	1	1	1	1
14	0.0822108	0.132	0	1	1	1	1
15	0.0912875	0.132	0	1	1	1	1

Set to Default Values　Initial Conditions Equal to Field Capa

OK　Cancel　Previous　Next　Help

(a) 土壤垂向结构设置　　　　　　(b) 初始含水量分布设置

图 5-7　土壤垂向结构设置及初始含水量分布设置

运行求解后，得到参数拟合结果（图 5-8）如下：$\theta_r = 0.0000054438$，$\theta_s = 0.25406$，$K_s = 128.2\text{mm/h}$，$\alpha = 0.0022048$，$n = 2.6514$，$m = 0.6228$。此时预测值与观测值的 R^2 为 0.97654，拟合良好。

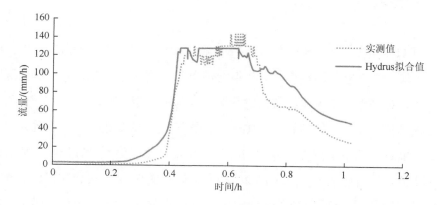

图 5-8　参数拟合结果

图 5-9 为实测与拟合情况下土槽 3 底部出流情况，由图中可以看出，拟合值与实测值拟合较好，总体趋势及峰值拟合较为准确，实测总计流量为 60.3mm，拟合值为 63.7mm，相对误差 5.6%，误差较小。

图 5-9　实测与拟合出流过程

图 5-10 为埋深 10cm 处土壤水分的实测值与 Hydrus 拟合值，可以看到拟合的曲线几乎与实测点重合，土壤水分上升及降低过程均能够很好地反映，并且在含水量为 0.254 附近的拟合值十分精确。

因此，总的来说，Hydrus-1D 以及 $\theta_r = 0.0000054438$，$\theta_s = 0.25406$，$K_s =$

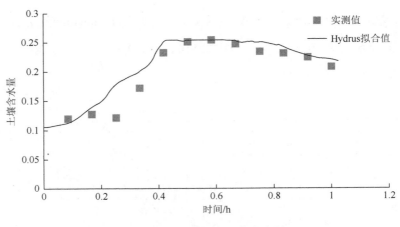

图 5-10　实测与拟合土壤含水量

128.2mm/h，$\alpha = 0.0022048$，$n = 2.6514$，$m = 0.6228$ 这一组参数能够很好地反映出绿色屋顶的出流及土壤含水量变化情况，由此建立的绿色屋顶下渗模型将在下一节进一步检验。

5.1.4　模型验证

采用 11 月 1 日（10 年一遇 71.6mm）降雨数据，以土槽 3 为研究对象，结合上一节土壤参数建立下渗模型，并将拟合结果与土槽 3 在 10cm 处土壤温湿度传感器的数据和降雨后出流过程数据进行对比，验证模型效果。

参数具体设置与上一节相同，唯一区别在于这里反演迭代次数设置为零，这样软件会默认计算下渗过程，并比较实测值与拟合值，而不进行反演计算。运行后，实测值与拟合值的 R^2 为 0.96962，拟合良好。图 5-11 为实测与拟合的底部出流情况，由图可知，峰值和次峰值处拟合较好，峰值时间拟合十分准确，实测与计算的总出流量分别为 46.06mm 和 49.86mm，相对误差为 8.25%，总量拟合也较好。拟合值起涨点较早，主要是因为径流仪的量程较大，不能很好地实时记录低流量的出流情况，退水过程中流量偏高可能与实验过程中的渗漏有关。此外，Hydrus 计算的表面径流为 1.244mm，折算到体积为 1224mL，实测表面径流为 900mL，基本能够反映表面径流情况。

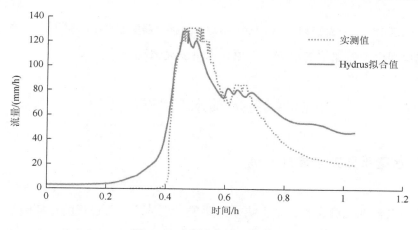

图 5-11 实测与拟合出流过程

图 5-12 为埋深 10cm 处土壤水分的实测值与 Hydrus 拟合值对比,可以看到拟合的曲线几乎与实测点重合,峰值拟合较好,土壤水分上升及降低过程均能够很好地反映。相比而言,Hydrus-1D 的拟合曲线更加圆滑平缓,特别是在土壤湿度上升阶段比较明显,这可能与这一阶段土层未充分润湿导致湿度传感器探测值不灵敏有关。

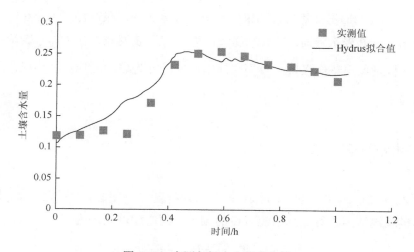

图 5-12 实测与拟合土壤含水量

经验证,Hydrus-1D 以及 $\theta_r = 0.0000054438$, $\theta_s = 0.25406$, $K_s = 128.2\,\mathrm{mm/h}$,

$\alpha = 0.0022048$，$n = 2.6514$，$m = 0.6228$ 这一组参数建立的绿色屋顶下渗模型能够很好地反映出绿色屋顶的出流及土壤含水量变化情况。

5.2 绿色屋顶水量平衡计算

5.2.1 水量平衡关系建立

降雨及前期土壤含水量是影响绿色屋顶产流量及出流过程的重要因素，如果知道降雨过程、前期土壤含水量、土壤含水量变化情况，再考虑到各方面的损耗量，就可以得出绿色屋顶结构的出流量。

假设绿色屋顶为一个封闭的系统，那么绿色屋顶水量平衡模型则反映了绿色屋顶中的含水量变化与水分收支间的关系。进入绿色屋顶的水量主要有降雨、灌溉量、下部蓄排水板以及保湿垫提供量，离开绿色屋顶的水量主要有出流、蒸发等。可知，绿色屋顶的水量平衡方程可以表示为

$$\Delta W = W_2 - W_1 = P + I - ET_{\text{up}} + ET_{\text{down}} - Q - R - L \tag{5-6}$$

式中，W_1、W_2 为递推计算时段始末的绿色屋顶系统储水量；ΔW 为计算时段内水量的变化量；P 表示降雨；I 表示灌溉；ET_{up} 表示表层蒸发；ET_{down} 表示底部凹凸蓄排水板及保湿垫释水量；Q 为底部出流量；R 为表面径流；L 为绿色屋顶系统的渗漏量。

5.2.2 水量平衡计算

以 10 月 28 日 10 点至 11 月 10 日 9 点为研究期，土槽 4 为研究对象，根据研究期内的实测数据进行底部出流量 Q 的推求，则方程可表示为

$$Q = P + I - ET_{\text{up}} + ET_{\text{down}} - R - L - \Delta W \tag{5-7}$$

式中，降雨数据 P（mm）由雨量计获取，由于降雨场地内布置有两个雨量计，这里选取靠近土槽 4 的靠外侧的雨量计的数据作为所需的降雨数据；由于研究期

内并没有额外降雨以及人工浇灌，所以这里的灌溉量 I 忽略；表层蒸发量 ET_{up}（mm）的取值比较困难，由于没有实测数据，这里采用 2007 年济南市统计年鉴关于自然环境中的水面蒸发量数据近似计算，年鉴中市区 10 月和 11 月蒸发量分别为 60.6mm 和 81.6mm，将其平均到每天以后取值；底部蓄排水板以及保湿垫的补给量 ET_{down}（mm）根据实际试验确定，实际观测中蓄排水板以及保湿垫在阴凉处由饱和状态至完全干燥需要 15 天左右，由前一章得到蓄排水板以及保湿垫结构蓄水量为 24.8mm，将这一数据平均到每天进行近似取值；表层径流 R 在实测结果中非常小，通常在几百毫升左右，相比于底部出流量几万甚至十万毫升的出流量微乎其微，所以这里忽略这一项的计算；针对本书中的实验过程，渗漏量 L 可以表示为由实验装置漏水导致的误差或人工读数等操作时带来的误差，而这些误差均难以估计，这里暂时忽略；由于研究期内降雨间隔较短，绿色屋顶系统水分的变化量 ΔW 主要表现为土壤水分变化量，假设土层厚度为 Z（mm），计算时段前后土壤体积含水量为 θ_1 和 θ_2，则 ΔW 可以表示为 $\Delta W = Z(\theta_2 - \theta_1)$。因此，底部出流量 Q 可表示为

$$Q = P - ET_{up} + ET_{down} - Z(\theta_2 - \theta_1) \tag{5-8}$$

这里的土壤含水量 θ 其实是指由埋设在土槽中的三个土壤温湿度传感器加权计算得到的平均值，由于传感器均匀铺设，所以权重均为 1。

　　由于研究期内降雨历时均为 1h，比较短，而由土壤温湿度传感器得到的数据记录间隔为 5min，所以这里选取的计算周期为 5min。此外，由于传感器误差或者数据波动导致 Q 计算值小于零时，将 Q 取零。

　　图 5-13 为研究期内土壤含水量以及时段内降雨量随时间变化曲线，图中包括十场降雨，由图中可以看到，随着降雨的出现，土壤含水量也出现波动，但土壤含水量曲线更为平缓。图 5-14 为实测与计算后的底部出流量 Q 的对比图，可以看到，计算值与实测值拟合较好，峰值以及总趋势均能够很好地体现。

　　这里引入纳什效率系数对拟合情况进行评估，针对本例，其计算公式为

$$\text{NSE} = 1 - \sum_{i=1}^{n} [Q_i^{\text{obs}} - Q_i^{\text{cal}}]^2 \Big/ \sum_{i=1}^{n} [Q_i^{\text{obs}} - \overline{Q^{\text{obs}}}]^2 \tag{5-9}$$

式中，n 为数据个数；Q_i^{obs} 为第 i 个流量观测值；Q_i^{cal} 为第 i 个流量的计算值；$\overline{Q^{\text{obs}}}$

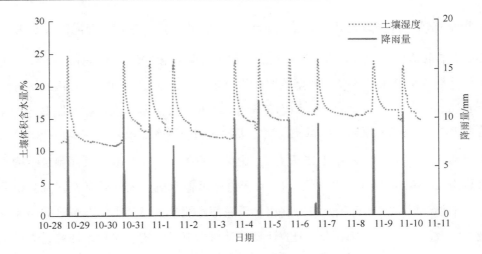

图 5-13 10 月 28 日至 11 月 10 日土壤含水量及降雨量过程线

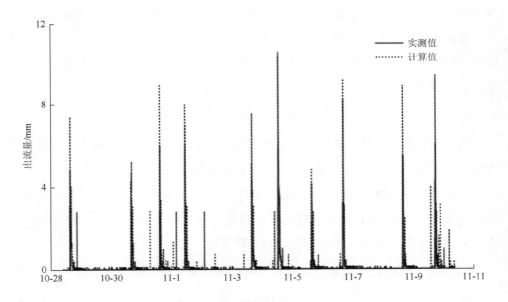

图 5-14 实测与计算出流过程

为流量观测值的平均值。经计算，NSE 为 0.81，计算值对于实测值拟合效果良好。

图 5-15 为 10 月 28 日至 11 月 10 日期间 10 场降雨的实际出流过程与根据水量平衡计算得出的出流过程的对比图，对照实测值与计算值可以看到，计算值的峰值普遍大于实测的峰值，除实验误差外，主要原因在于，计算值是严格按照计

算时段内的降雨量及土壤含水量变化来推求出流量，一方面，实际过程中由于采用芝加哥雨型设计的降雨雨型比较陡峭，陡涨陡落较快，峰量比较集中；另一方面，土壤含水量采用的是三组含水量的平均值，整体土层含水量的变化对于降雨量的响应有一定延迟，所以计算得出的峰值偏大。此外可以看到，计算值在降雨间隔的平缓期内出现波动情况，这主要是由土壤温湿度计的测量误差引起的，

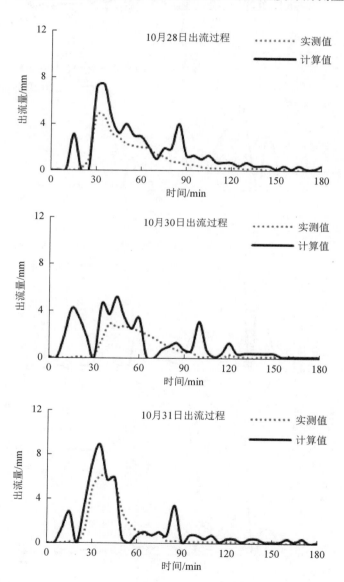

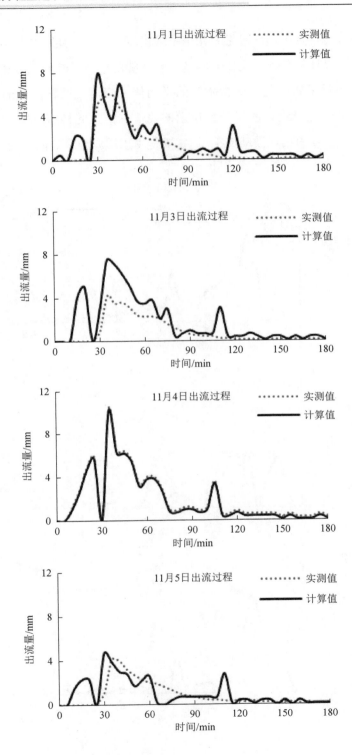

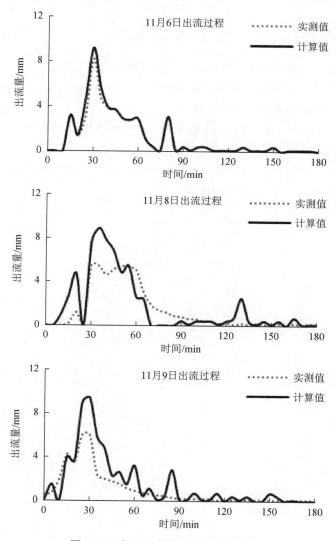

图 5-15　各场次实测与计算出流过程

实测的土壤含水量值的波动导致计算值的波动，此点可在之前的土壤水分曲线中看出。

　　总体而言，绿色屋顶水量平衡模型能够较好地反映绿色屋顶水量交换情况，根据其计算出的出流过程与实测过程拟合较好；此外，针对计算值出现的峰值偏大以及数据波动情况，则需要定量统计试验中的水量渗漏及读数误差，或者采用增大计算时间步长的方法来解决，有待进一步研究。

参 考 文 献

雷志栋，杨诗秀，谢森传，1988. 土壤水动力学[M]. 北京：清华大学出版社.

van Genuchten M T，1980. A closed-form equation for predicting the hydraulic conductivity of unsaturated soils[J]. Soil Science Society of America Journal，44（5）：892-898.

van Genuchten M T，Leij F J，Yates S R，1991. The RETC code for quantifying the hydraulic functions of unsaturated soils[M]. Robert S. Kerr Environmental Research Laboratory.

Wang D，Yates S R，Lowery B，et al.，1998. Estimating soil hydraulic properties using tension infiltrometers with varying disk diameters[J]. Soil Science，163（5）：356-361.